아벨이 만든 인수분해

29 아벨이 만든 인수분해

ⓒ 김종영, 2009

초판 1쇄 발행일 | 2009년 7월 10일
초판 7쇄 발행일 | 2020년 8월 11일

지은이 | 김종영
펴낸이 | 정은영
펴낸곳 | (주)자음과모음

출판등록 | 2001년 11월 28일 제20001-000259호
주소 | 04047 서울시 마포구 양화로6길 49
전화 | 편집부 (02)324-2347, 영업부 (02)325-6047
팩스 | 편집부 (02)324-2348, 영업부 (02)2648-1311
e-mail | jamoteen@jamobook.com

ISBN 978-89-544-1669-6 (04410)

천재들이 만든

수학퍼즐

29
아벨이 만든 인수분해

김종영(M&G 영재수학연구소) 지음

|주|자음과모음

수학에 대한 막연한 공포를 단번에
날려 버리는 획기적 수학 퍼즐 책!

추천사를 부탁받고 처음 원고를 펼쳤을 때, 저도 모르게 탄성을 질렀습니다. 언젠가 제가 한번 써 보고 싶던 내용이었기 때문입니다. 예전에 저에게도 출판사에서 비슷한 성격의 책을 써 볼 것을 권유한 적이 있었는데, 재미있겠다 싶었지만 시간이 없어서 거절해야만 했습니다.

생각해 보면 시간도 시간이지만 이렇게 많은 분량을 쓰는 것부터가 벅찬 일이었던 것 같습니다. 저는 한 권 정도의 분량이면 이와 같은 내용을 다룰 수 있을 거라 생각했는데, 이번 책의 원고를 읽어 보고 참 순진한 생각이었음을 알았습니다.

저는 지금까지 수학을 공부해 왔고, 또 앞으로도 계속 수학을 공부할 사람으로서, 수학이 대단히 재미있고 매력적인 학문이라 생각합니다만, 대부분의 사람들은 수학을 두려워하며 두 번 다시 보고 싶지 않은 과목으로 생각합니다. 수학이 분명 공부하기에 쉬운 과목은 아니지만, 다른 과목에 비해 '끔찍한 과목'으로 취급받는 이유가 뭘까요? 제

생각으로는 '막연한 공포' 때문이 아닐까 싶습니다.

무슨 뜻인지 알 수 없는 이상한 기호들, 한 줄 한 줄 따라가기에도 벅찰 만큼 어지럽게 쏟아져 나오는 수식들, 그리고 다른 생각을 허용하지 않는 꽉 짜여진 '모범 답안'이 수학을 공부하는 학생들을 옥죄는 요인일 것입니다.

알고 보면 수학의 각종 기호는 편의를 위한 것인데, 그 뜻을 모른 채 무작정 외우려다 보니 더욱 악순환에 빠지는 것 같습니다. 첫 단추만 잘 끼우면 수학은 결코 공포의 대상이 되지 않을 텐데 말입니다.

제 자신이 수학을 공부하고, 또 가르쳐 본 사람으로서, 이런 공포감을 줄이는 방법이 무엇일까 생각해 보곤 했습니다. 그 가운데 하나가 '친숙한 상황에서 제시되는, 호기심을 끄는 문제'가 아닐까 싶습니다. 바로 '수학 퍼즐'이라 불리는 분야입니다.

요즘은 수학 퍼즐과 관련된 책이 대단히 많이 나와 있지만, 제가 《재미있는 영재들의 수학퍼즐》을 쓸 때만 해도, 시중에 일반적인 '퍼즐 책'은 많아도 '수학 퍼즐 책'은 그리 많지 않았습니다. 또 '수학 퍼즐'과 '난센스 퍼즐'이 구별되지 않은 채 마구잡이로 뒤섞인 책들도 많았습니다.

그래서 제가 책을 쓸 때 목표로 했던 것은 비교적 수준 높은 퍼즐들을 많이 소개하고 정확한 풀이를 제시하자는 것이었습니다. 목표가 다소 높았다는 생각도 듭니다만, 생각보다 많은 분들이 찾아 주어 보통 사람들이 '수학 퍼즐'을 어떻게 생각하는지 알 수 있는 좋은 기회가 되기도 했습니다.

문제와 풀이 위주의 수학 퍼즐 책이 큰 거부감 없이 '수학을 즐기는 방법'을 보여 주었다면, 그 다음 단계는 수학 퍼즐을 이용하여 '수학을 공부하는 방법'이 아닐까 싶습니다. 제가 써 보고 싶었던, 그리고 출판사에서 저에게 권유했던 것이 바로 이것이었습니다.

수학에 대한 두려움을 없애 주면서 수학의 기초 개념들을 퍼즐을 이용해 이해할 수 있다면, 이것이야말로 수학 공부의 첫 단추를 제대로 잘 끼웠다고 할 수 있지 않을까요? 게다가 수학 퍼즐을 풀면서 느끼는 흥미는, 이해도 못한 채 잘 짜인 모범 답안을 달달 외우는 것과는 전혀 다른 즐거움을 줍니다. 이런 식으로 수학에 대한 두려움을 없앤다면 당연히 더 높은 수준의 수학을 공부할 때도 큰 도움이 될 것입니다.

그러나 이런 이해가 단편적인 데에서 그친다면 그 한계 또한 명확해질 것입니다. 다행히 이 책은 단순한 개념 이해에 그치지 않고 교과 과정과 연계하여 학습할 수 있도록 구성되어 있습니다. 이 과정에서 퍼즐을 통해 배운 개념을 더 발전적으로 이해하고 적용할 수 있어 첫 단추만이 아니라 두 번째, 세 번째 단추까지 제대로 끼울 수 있도록 편집되었습니다. 이것이 바로 이 책이 지닌 큰 장점이자 세심한 배려입니다. 그러다 보니 수학 퍼즐이 아니라 약간은 무미건조한 '진짜 수학 문제'도 없지는 않습니다. 그러나 수학을 공부하기 위해 반드시 거쳐야

하는 단계라고 생각하세요. 재미있는 퍼즐을 위한 중간 단계 정도로 생각하는 것도 괜찮을 것 같습니다.

수학을 두려워하지 말고, 이 책을 보면서 '교과서의 수학은 약간 재미없게 만든 수학 퍼즐'일 뿐이라고 생각하세요. 하나의 문제를 풀기 위해 요모조모 생각해 보고, 번뜩 떠오르는 아이디어에 스스로 감탄도 해 보고, 정답을 맞히는 쾌감도 느끼다 보면 언젠가 무미건조하고 엄격해 보이는 수학 속에 숨어 있는 아름다움을 음미하게 될 것입니다.

고등과학원 연구원

박 부 성

영재교육원에서 실제 수업을 받는 듯한
놀이식 퍼즐 학습 교과서!

《천재들이 만든 수학퍼즐》은 '우리 아이도 영재 교육을 받을 수
없을까?' 하고 고민하는 학부모들의 답답한 마음을 시원하게 풀어 줄
수학 시리즈물입니다.

이제 강남뿐 아니라 우리 주변 어디에서든 대한민국 어머니들의 불
타는 교육열을 강하게 느낄 수 있습니다. TV 드라마에서 강남의 교육
을 소재로 한 드라마가 등장할 정도니 말입니다.

그러나 이러한 불타는 교육열을 충족시키는 것은 그리 쉬운 일이
아닙니다. 서점에 나가 보면 유사한 스타일의 문제를 담고 있는 도서
와 문제집이 다양하게 출간되어 있지만 전문가들조차 어느 책이 우리
아이에게 도움이 될 만한 좋은 책인지 구별하기가 쉽지 않습니다. 이
렇게 천편일률적인 책을 읽고 공부한 아이들은 결국 판에 박힌 듯 똑
같은 것만을 익히게 됩니다.

많은 학부모들이 '최근 영재 교육 열풍이라는데……' '우리 아이도
영재 교육을 받을 수 없을까?' '혹시…… 우리 아이가 영재는 아닐

까?'라고 생각하면서도, '우리 아이도 가정 형편만 좋았더라면……' '우리 아이도 영재교육원에 들어갈 수만 있다면……'이라고 아쉬움을 토로하는 것이 현실입니다.

현재 우리나라 실정에서 영재 교육은 극소수의 학생만이 받을 수 있는 특권적인 교육 과정이 되어 버렸습니다. 그래서 더더욱 영재 교육에 대한 열망은 높아집니다. 특권적 교육 과정이라고 표현했지만, 이는 부정적 표현이 아닙니다. 대단히 중요하고 훌륭한 교육 과정이지만, 많은 학생들에게 그 기회가 돌아가기 힘들다는 단점을 지적했을 뿐입니다.

이번에 이러한 학부모들의 열망을 실현시켜 줄 수학책 《천재들이 만든 수학퍼즐》 시리즈가 출간되어 장안의 화제가 되고 있습니다. 《천재들이 만든 수학퍼즐》은 영재 교육의 커리큘럼에서 다루는 주제를 가지고 수학의 원리와 개념을 친절하게 설명하고 있어 책을 읽는 동안 마치 영재교육원에서 실제로 수업을 받는 느낌을 가지게 될 것입니다.

단순한 문제 풀이가 아니라 하나의 개념을 여러 관점에서 풀 수 있는 사고력의 확장을 유도해서 다양한 사고방식과 창의력을 키워 주는 것이 이 시리즈의 장점입니다.

여기서 끝나지 않습니다. 《천재들이 만든 수학퍼즐》은 제목에서 나타나듯 천재들이 만든 완성도 높은 문제 108개를 함께 다루고 있습니다. 이 문제는 초급 · 중급 · 고급 각각 36문항씩 구성되어 있는데, 하나같이 본편에서 익힌 수학적인 개념을 자기 것으로 충분히 소화할 수 있도록 엄선한 수준 높고 다양한 문제들입니다.

수학이라는 학문은 아무리 이해하기 쉽게 설명해도 스스로 풀어 보지 않으면 자기 것으로 만들 수 없습니다. 상당수 학생들이 문제를 풀어 보는 단계에서 지루함을 못 이겨 수학을 쉽게 포기해 버리곤 합니다. 하지만 《천재들이 만든 수학퍼즐》은 기존 문제집과 달리 딱딱한 내용을 단순 반복하는 방식을 탈피하고, 빨리 다음 문제를 풀어 보고 싶게끔 흥미를 유발하여, 스스로 문제를 풀고 싶은 생각이 저절로 들게 합니다.

문제집이 퍼즐과 같은 형식으로 재미만 추구하다 보면 핵심 내용을 빠뜨리기 쉬운데 《천재들이 만든 수학퍼즐》은 흥미를 이끌면서도 가장 중요한 원리와 개념을 빠뜨리지 않고 전달하고 있습니다. 이것이 다른 수학 도서에서는 볼 수 없는 이 시리즈만의 미덕입니다.

초등학교 5학년에서 중학교 1학년까지의 학생이 머리는 좋은데 질 좋은 사교육을 받을 기회가 없어 재능을 계발하지 못한다고 생각한다면 바로 지금 이 책을 읽어 볼 것을 권합니다.

메가스터디 엠베스트 학습전략팀장

최 남 숙

핵심 주제를 완벽히 이해시키는
주제 학습형 교재!

영재 수학 교육을 받기 위해 선발된 학생들을 만나는 자리에서, 또는 영재 수학을 가르치는 선생님들과 공부하는 자리에서 제가 생각하고 있는 수학의 개념과 원리 그리고 수학 속에 담긴 철학에 대한 흥미로운 이야기를 소개하곤 합니다. 그럴 때면 대부분의 사람들은 반짝이는 눈빛으로 저에게 묻곤 합니다.

"아니, 우리가 단순히 암기해서 기계적으로 계산했던 수학 공식들 속에 그런 의미가 있었단 말이에요?"

위와 같은 질문은 그동안 수학 공부를 무의미하게 했거나, 수학 문제를 푸는 기술만을 습득하기 위해 기능공처럼 반복 훈련에만 매달렸다는 것을 의미합니다.

이 같은 반복 훈련으로 인해 초등학교 저학년 때까지는 수학을 좋아하다가도 학년이 올라갈수록 수학에 싫증을 느끼게 되는 경우가 많습니다. 심지어 많은 수의 학생들이 수학을 포기한다는 어느 고등학교 수학 선생님의 말씀은 이런 현상을 반영하는 듯하여 씁쓸한 기분마저 들게 합니다. 더군다나 학창 시절에 수학 공부를 잘해서 높은 점수를 받았던 사람들도 사회에 나와서는 그렇게 어려운 수학을 왜 배웠는지 모르겠다고 말하는 것을 들을 때면 씁쓸했던 기분은 좌절 감으로 변해 버리곤 합니다.

수학의 역사를 살펴보면, 수학은 인간의 생활에서 절실히 필요했기 때문에 탄생했고, 이것이 발전하여 우리의 생활과 문화가 더욱 윤택해진 것을 알 수 있습니다. 그런데 왜 현재의 수학은 실생활과는 별로 상관없는 학문으로 변질되었을까요?

교과서에서 배우는 수학은 $\frac{1}{2} \div \frac{2}{3} = \frac{1}{2} \times \frac{3}{2} = \frac{3}{4}$ 의 수학 문제처럼 '정답은 얼마입니까?'에 초점을 맞추고 답이 맞았는지 틀렸는지에만 관심을 둡니다.

그러나 우리가 초점을 맞추어야 할 부분은 분수의 나눗셈에서 나누는 수를 왜 역수로 곱하는지에 대한 것들입니다. 학생들은 선생님들이 가르쳐 주는 과정을 단순히 받아들이기보다는 끊임없이 궁금증을 가져야 하고 선생님은 학생들의 질문에 그들이 충분히 이해할 수 있도록 설명해야 할 의무가 있습니다. 그러기 위해서는 수학의 유형별 풀이 방법보다는 원리와 개념에 더 많은 주의를 기울여야 하고 또한 이를 바탕으로 문제 해결력을 기르기 위해 노력해야 할 것입니다.

앞으로 전개될 영재 수학의 내용은 수학의 한 주제에 대한 주제 학습이 주류를 이룰 것이며, 이것이 올바른 방향이라고 생각합니다. 따

라서 이 책도 하나의 학습 주제를 완벽하게 이해할 수 있도록 주제
학습형 교재로 설계하였습니다.

끝으로 이 책을 출간할 수 있도록 배려하고 격려해 주신 (주)자음
과모음의 강병철 사장님께 감사드리고, 기획실과 편집부 여러분들
께도 감사드립니다.

2009년 7월 M&G 영재수학연구소

홍선호

A 주제 설정의 취지 및 장점

여러 가지 부품들로 이루어진 어떤 물체를 분해한다는 것은 그 물체를 손상하지 않고 하나하나 떼어내어 그 구성인자가 어떠한 위치에 있는지, 어떠한 성질을 가졌는지 분석하는 행위를 말합니다. 그리고 분해한 부품들을 사용하여 원래의 완성된 물체로 되돌리려면 반드시 주어진 순서대로 조립해야 합니다.

물건을 분해할 때와 마찬가지로 수를 분해할 때에도 규칙이 존재합니다. 자연수를 소수인 인수로 분해하는 것을 소인수분해라고 합니다. 자연수를 소인수로 분해하는 데에는 소수인 인수들을 곱으로 나타내어야 하는 규칙이 있습니다.

90의 소인수분해

$90 = 9 \times 10$

$ = 3 \times 3 \times 2 \times 5$

$$=2 \times 3^2 \times 5$$

위의 식에서처럼 소인수분해는 어떤 자연수를 자연수의 범위에서 곱셈만을 사용하여 소수인 인수들의 곱으로 나타내는 것을 말합니다.

소인수분해가 자연수의 범위에서 소수들의 곱셈으로 이루어진 식이라면 인수분해는 임의의 정수나 다항식을 두 개 이상 인수들의 곱으로 나타내는 것입니다.

즉, 자연수를 곱으로 분해하는 것을 소인수분해라고 하고 인수분해는 주로 다항식을 곱으로 분해하여 하나의 다항식으로 나타낸 것을 말합니다. 소인수분해나 인수분해는 곱셈을 이용하여 나타내기 때문에 교환법칙이 성립합니다. 소인수분해와 인수분해를 비교하여 나타내 보겠습니다.

$$24 = 2 \times 2 \times 2 \times 3 = 2^3 \times 3 \qquad - \text{소인수분해}$$
$$x^2 + 5x + 6 = (x+2)(x+3) \quad - \text{인수분해}$$

인수분해는 중학교 수학의 뒷부분에서 다루고 있지만, 사실은 초등학교 5학년의 약수와 배수 단원에서 중학교 1학년에서 배울 소인수분해의 개념을 먼저 다룸으로써 인수분해를 쉽게 이해할 수 있도록 하고 있습니다.

인수분해는 앞으로 배우게 될 방정식이나 함수의 영역에서까지 매우 중요하게 쓰이는 분야입니다. 따라서 이 책은 인수분해를 배우는 중·고등학생들과 인수분해를 배울 초등학교 고학년 학생들이 인수분해를 쉽고 재미있게 이해할 수 있도록 각각의 경우에 맞는 예를 들어 설명하는 데 그 목적이 있다고 할 수 있습니다.

구분	과목명	단계	단원	연계되는 수학적 개념 및 원리
초등학교	수학	5-가	약수와 배수	• 약수, 공약수, 최대공약수, 배수, 공배수, 최소공배수
		5-가	평면도형의 넓이	• 직사각형과 정사각형의 넓이
		6-가	겉넓이와 부피	• 직육면체와 정육면체의 부피
중학교		7-가	자연수의 성질	• 자연수의 소인수분해
		7-가	문자와 식의 계산	• 단항식, 다항식, 차수, 동류항
		7-가	함수	• 순서쌍과 좌표
		9-가	다항식의 곱셈	• 곱셈공식, 치환
		9-가	인수분해	• 인수, 인수분해, 완전제곱식
고등학교		10-가	다항식	• 다항식의 연산, 내림차순, 오름차순
		10-가	나머지정리	• 항등식, 나머지정리
		10-가	인수분해	• 인수분해, 고차식의 인수분해
		10-가	약수와 배수	• 다항식의 최대공약수, 최소공배수
		10-가	방정식과 부등식	• 이차방정식, 삼·사차방정식, 부등식

C 이 책에서 배울 수 있는 수학적 원리와 개념

1. 복잡한 식을 문자를 이용하여 간단하게 나타내는 방법을 익힐 수 있습니다.

2. 다항식의 곱셈정리를 통하여 인수분해를 이해하고 쉽게 풀 수 있습니다.

3. 인수분해를 방정식과 함수 등 수학의 많은 부분에서 활용할 수 있습니다.

D 각 교시별로 소개되는 수학적 내용

1교시 _ 다항식

인류가 발전함에 따라 수학 문제를 숫자만을 사용하여 해결하기에는 많은 어려움이 있습니다. 숫자만을 사용하여 풀 수 없는 어려운 문제도 문자를 이용하면 간단한 식으로 쉽게 해결할 수 있습니다.

숫자와 문자로 이루어진 항들의 합으로 이루어진 식을 다항식이라고 부릅니다. 1교시에서는 다항식의 개념과 단항식과 다항식에 사용되는 여러 가지 용어들을 알아봅니다.

2교시 _ 문자를 이용한 식의 계산

수 대신 문자를 이용한 것을 대수代數라고 하고 대수를 이용한 식을 대수식이라고 부릅니다. 문자를 이용한 식도 일종의 대수식이라고 할 수 있습니다. 2교시에서는 문자를 이용한 식의 사칙연산을 쉽게 구하는 방법, 규칙, 활용 방법 등을 알아봅니다.

3교시 _ 다항식의 곱셈공식

인수들이 두 개 이상의 곱으로 이루어진 다항식을 분배법칙을 이용하여 전개하는 방법을 알아봅니다. 간단한 다항식은 분배법칙을 이용하여 전개할 수 있습니다. 하지만 복잡한 다항식의 전개는 곱셈공식을 이해하고 공식을 이용하여 전개하면 쉽게 전개할 수 있습니다. 3교시에서는 곱셈공식이 만들어지는 과정과 활용 방법에 대해 다루고 있습니다.

4교시 _ 곱셈공식의 활용

실생활에서 곱셈공식이 어떻게 활용되고 있는지 찾아봅니다. 그리고 수를 계산할 때 곱셈공식을 이용하여 쉽게 푸는 방법들도 알아봅니다. 또한 분모가 무리수로 이루어진 식을 유리화하는 과정도 설명합니다.

5교시 _ 공통인수를 이용한 인수분해

다항식을 인수들의 곱으로 만드는 것을 인수분해라고 합니다. 분배법칙을 이용하여 공통인수를 묶어 인수분해하는 기본적인 방법을 알아봅니다. 또한 인수분해의 과정을 알아보고 나서 쉽게 인수분해할 수 있는 다양한 공식들을 소개합니다. 이는 복잡한 다항식을 인수분해할 때 도움이 됩니다.

6교시 _ 완전제곱식을 이용한 인수분해

수에는 완전제곱수가 있습니다. 다항식을 인수분해할 때에는 완전제곱식을 사용합니다. 다항식을 인수분해하는 방법 중에 완전제곱식을 이용하여 인수분해하는 방법을 알아봅니다. 6교시에서는 완전제곱식을 이용하여 인수분해하는 원리를 간단한 도형을 통해 이해할 수 있도록 합니다.

7교시 _ 기타 인수분해의 유형

인수분해에는 다양한 유형들이 있습니다. 7교시에서는 인수분해의 유형들을 살펴보고, 합과 차의 곱을 이용하여 인수분해하는 방법을 알아봅니다. 그 밖에도 인수분해 공식을 이용하여 여러 가지 다항식을 인수분해하는 방법을 이해할 수 있습니다.

8교시 _ 복잡한 다항식의 인수분해

복잡한 다항식은 인수분해 공식을 이용해도 쉽게 인수분해하기 어렵습니다. 이러한 경우에는 치환이나 한 문자에 관한 내림차순으로 정리하고 나서 인수분해를 해야 합니다. 8차시에는 복잡한 다항식을 쉽게 인수분해하는 방법을 알아봅니다.

9교시 _ 인수분해를 이용한 수의 계산

다항식뿐만 아니라 수 연산에서도 인수분해를 이용하면 쉽게 계산을 할 수 있습니다. 9교시에서는 인수분해를 이용해 수를 계산해 봅니다.

10교시 _ 인수분해의 활용

실생활에서 인수분해가 어떻게 쓰이는지 예문을 중심으로 살펴봅니다.

E 이 책의 활용 방법

E-1. 《아벨이 만든 인수분해》의 활용

1. 인류는 수를 끝없이 진화시켜 복소수의 범위까지 이르게 했습니다. 하지만 수만을 사용하여 문제를 해결하는 것은 한계가 있음을 알고 수 대신 문자를 이용한 수식을 만들었습니다. 수식에서 문자를 이용하면 얼마나 쉬운지 알아봅니다.

2. 다항식이 실생활에서 어떻게 이용되고 있는지 알아봅니다.

3. 다항식의 인수분해가 실생활에서 문제를 해결하는 데 어떻게 이용되고 있는지 살펴봅니다.

4. 다항식의 곱셈정리와 다항식의 인수분해의 차이점을 알아봅니다.

5. 최대, 최소를 구할 때 다항식에 인수분해가 어떻게 쓰이는지 알아봅니다.

E-2. 《아벨이 만든 인수분해 - 익히기》의 활용

1. 난이도 순으로 초급, 중급, 고급으로 나누었습니다. 따라서 '초급 → 중급 → 고급' 순으로 문제를 해결하는 것이 좋습니다.

2. 교시별로 초급, 중급, 고급 문제 순으로 해결해도 좋습니다.

3. 문제를 해결하다 어려움에 부딪히면, 문제 상단부에 표시된 교시의 기본서로 다시 돌아가 기본 개념을 충분히 이해하고 나서 다시 해결하는 것이 바람직합니다.

4. 문제가 쉽게 해결되지 않는다고 해답부터 먼저 확인하는 것은 사고력을 키우는 데 도움이 되지 않습니다.

5. 친구들이나 선생님 그리고 부모님과 문제에 대해 토론해 보는 것은 아주 좋은 방법입니다.

6. 한 문제를 한 가지 방법으로 문제를 해결하기보다는 다양한 방법으로 여러 번 풀어 보는 것이 좋습니다.

다항식이란 하나 또는 두 개 이상의
문자나 수로 이루어진 항들의 합으로 이루어진 식입니다.

교시

1

다항식

1교시 학습 목표

1. 문자로 이루어진 다항식이 무엇인지 알 수 있습니다.
2. 다항식에 쓰이는 용어들을 알 수 있습니다.

미리 알면 좋아요

지수 법칙

$4a$에서 4는 a의 계수이고 a를 네 번 더했다는 뜻입니다.

a^4에서 4는 a의 지수차수이고 a를 네 번 곱했다는 뜻입니다. 그리고 a^4에서 a는 밑이라고 합니다.

$4a$	a^4
$a+a+a+a$	$a \times a \times a \times a$
예 $4 \times 3 = 3+3+3+3 = 12$	예 $3^4 = 3 \times 3 \times 3 \times 3 = 81$

어린 아이가 말을 할 때쯤이면 "엄마, 이것 하나! 저것 하나!"하면서 자신도 모르는 사이에 수의 세계를 경험하게 됩니다. 아이가 자라서 초등학교를 다니게 되면 수의 범위가 자연수보다 확장된 정수와 유리수까지 넓어지게 됩니다.

초등학교 과정에서는 유리수의 범위에서 사칙연산을 이용한 수의 계산을 배웁니다. 중학교 과정에서의 다루는 수의 범위는 무리수가 포함된 실수의 범위까지이고, 초등학교에서는 다루지 않는 문자를 이용한 식의 계산과 방정식 그리고 함수 등을 배웁니다.

사실 방정식의 계산은 초등학교에서 빈 네모 칸에 알맞은 숫자를 찾는 방법에서 출발합니다. 방정식은 네모 칸을 문자로 바꾸어 표현하는 것입니다.

초등과정 : □＋4＝6일 때, □에 알맞은 수를 구하시오.

중등과정 : $a＋4＝6$일 때, a값을 구하시오.

고등학교 과정에서 수의 범위는 허수虛數, Imaginary Number가 포함된 복소수複素數, Complex Number의 범위까지 확장됩니다. 문자를 이용한 식은 더욱 복잡하고 다양한 식으로 나타납니다. 복소수는 수의 범위의 마지막 단계입니다. 아직 복소수보다 더 확장된 수의 범위는 없습니다. 수의 범위에 관해 더 알고 싶으면 19권《소인수분해》편을 참고하면 좋습니다.

수학을 더욱 발전시키기 위해서 만들어진 것이 바로 문자나 기호를 이용한 수의 계산 방법입니다. 수 대신 문자를 이용한 것을 우리는 대수代數라고 하고 대수를 이용한 식을 대수식代數式이라고 부르며 대수식을 다루는 수학을 대수학代數學, algebra 이라고 부릅니다. 대수학의 사전적 의미는 '수 대신 문자를 기호로 사용하여 수의 성질이나 관계를 연구하는 수학' 입니다. 우리가 쉽게 접하는 방정식도 바로 대수학의 한 부분입니다.

방정식을 배우려면 문자를 이용한 다항식을 알아야 합니다.

다항식이란 하나 또는 두 개 이상의 문자나 수로 이루어진 항들의 합으로 이루어진 식을 말합니다. 다음 문제로 예를 들어 보겠습니다.

문제

① 민선이는 오늘 엄마와 마트에 가서 사과 10개와 배 5개 그리고 귤 20개를 샀습니다. 민선이가 산 과일 가격은 모두 얼마입니까?

위의 문제를 문자를 이용하지 않은 식으로 나타내 보고, 사과 한 개의 가격을 a, 배 한 개의 가격을 b, 귤 한 개의 가격을 c라는 문자를 이용한 식으로도 나타내 보겠습니다.

- 문자를 이용하지 않은 식 : 사과 한 개 가격 $\times 10 +$ 배 한 개 가격 $\times 5 +$ 귤 한 개 가격 $\times 20$
- 문자를 이용한 식 : $10 \times a + 5 \times b + 20 \times c$

　예에서 보듯이 문자를 이용하여 다항식으로 나타내면 길게 써야 할 식이 간단해짐을 알 수 있습니다.

　문자를 이용한 다항식에는 다음과 같은 용어들이 쓰이고 있습니다. 용어를 익히면 다항식 문제를 푸는 데 도움이 됩니다.

항	수 또는 문자의 곱으로만 이루어진 식
상수항	수만으로 이루어진 항
단항식	하나의 항으로만 이루어진 식
다항식	하나 또는 두 개 이상의 항의 합으로 이루어진 식 (단항식⊂다항식)
계수	문자와 수의 곱으로 이루어진 항에서 문자에 곱해진 수
차수 지수	어떤 항에서 어떤 문자가 몇 번 반복해서 곱해졌는가 를 알 수 있게 해주는 수, 어떤 문자가 곱해진 개수
일차식	차수가 가장 큰 항의 차수가 1인 다항식
동류항	문자와 차수가 같은 항 문자와 차수만 같으면 부호나 계수와 는 상관없음

다음 다항식을 통해 다항식에 쓰이는 용어들을 찾아봅시다.

$$x^3+2x^3-3x^2+4x-5+\frac{2}{3}y-\frac{8}{3}y+8y^2+9xy+z$$

항	$x^3, 2x^3, -3x^2, 4x, -5, \frac{2}{3}y, -\frac{8}{3}y, 8y^2, 9xy, z$
상수항	-5
동류항	x^3과 $2x^3$, $\frac{2}{3}y$와 $-\frac{8}{3}y$

계수	x^3의 계수	x^2의 계수	x의 계수	y의 계수	y^2의 계수	xy의 계수	z의 계수
	$1+2$ $=3$	-3	4	$\frac{2}{3}-\frac{8}{3}$ $=-2$	8	9	1

차수	x에 대한 차수		y에 대한 차수		xy에 대한 차수		z에 대한 차수
	삼차		이차		이차		일차
	기준 : x^3		기준 : y^2		기준 : x^1y^1		기준 : z^1

꼭 알아둡시다

1. 대수식

수 대신 문자를 이용한 것을 우리는 대수代數라고 하고 대수를 이용한

식을 대수식代數式이라고 합니다.

2. 항

수 또는 문자의 곱으로만 이루어진 식을 항이라고 합니다.

3. 다항식

하나 또는 두 개 이상의 항의 합으로 이루어진 식을 다항식이라고 합

니다.

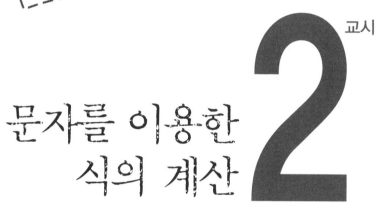

문자를 이용한 식의 계산

2교시

2교시 학습 목표

1. 문자를 이용하여 덧셈, 뺄셈, 곱셈, 나눗셈을 할 수 있습니다.
2. 문자를 이용한 식에서 부호나 숫자가 생략되는 경우를 이해할 수 있습니다.

미리 알면 좋아요

1. **교환법칙** $a+b=b+a$ 또는 $ab=ba$처럼 두 개 이상의 항의 합이나 곱으로 이루어진 식에서 항의 순서를 바꾸어도 그 값이 같을 때, 그 식은 교환법칙이 성립한다고 합니다.

2. **결합법칙** $a+(b+c)=(a+b)+c$ 또는 $a(bc)=(ab)c$처럼 세개 이상의 항의 합이나 곱으로 이루어진 식에서 결합하는 문자가 바뀌어도 그 값이 같을 때, 그 식은 결합법칙이 성립한다고 합니다.

① 숲속 마을 호돌이의 생일잔치에 초대받은 여우, 오소리, 사슴은 숲속 옹달샘 앞에서 모여 함께 가기로 하였습니다. 아침 일찍 세 동물은 강 건너편에 있는 호돌이네 집으로 향했습니다. 세 동물은 호돌이네 집 앞의 강을 건너기 위해 나무로 만든 다리를 건너야 합니다. 그런데 다리에는 50kg이 넘는 동물이 건너면 나무가 부러질 수 있어 위험하다는 경고문이 붙어 있었습니다.

세 동물의 몸무게가 다음과 같을 때 다리를 건널 수 없는 동물이 있는지 알아보시오.

• 여우와 오소리의 몸무게의 합은 100kg입니다.

• 오소리와 사슴의 몸무게의 합은 94kg입니다.

• 사슴과 여우의 몸무게의 합은 98kg입니다.

문자를 이용한 식

초등학교에서는 유리수의 범위에서 사칙연산을 이용한 수
의 계산을 배웁니다. 그리고 중학교에서는 문자를 이용한 식의
계산을 배웁니다. 중학교에서 배우는 문자를 이용한 식의 계산
은 초등학교에서 빈 네모 칸에 알맞은 숫자를 찾는 방법에서

출발합니다. 다음 예를 통해 확인해 봅시다.

민서는 어제 위인전을 150쪽 읽었습니다. 그리고 오늘 몇 쪽을 더 읽어서 225쪽짜리 위인전을 다 읽었습니다. 민서가 오늘 읽은 위인전은 몇 쪽입니까?

초등학교의 풀이 방법

$$150 + \boxed{} = 225 \;\; \Leftarrow \text{양변에서 150을 빼줌}$$

$$150 - 150 + \boxed{} = 225 - 150$$

$$\boxed{} = 75$$

중학교의 풀이 방법

$$150 + a = 225 \;\; \Leftarrow \text{양변에서 150을 빼줌}$$

$$150 - 150 + a = 225 - 150$$

$$a = 75$$

두 풀이 방법 중에서 두 번째 방법이 바로 문자_{미지수}를 이용한 식의 계산입니다. 위에서 보듯이 구하는 답은 모두 75쪽으로 같습니다. 그런데 문자를 이용해서 식을 구하는 이유는 복잡한 식을 풀 때 긴 내용을 말로 써 놓는 것보다 한눈에 볼 수 있기 때문입니다.

문자를 이용해서 식을 풀면 더 쉽게 풀어지는지 주어진 문제를 풀어서 확인해 봅시다.

문제의 여우와 오소리 그리고 사슴 중 누가 다리를 건널 수 없을까요? 먼저 문자를 이용하여 여우를 a, 오소리를 b, 그리고 사슴을 c로 바꾸어 식을 세웁니다.

- 여우와 오소리의 몸무게의 합은 100kg입니다.

  ➡ $a+b=100$ ······ ①

- 오소리와 사슴의 몸무게의 합은 94kg입니다.

  ➡ $b+c=94$ ······ ②

- 사슴과 여우의 몸무게의 합은 98kg입니다.

  ➡ $c+a=98$ ······ ③

$$
\begin{aligned}
& a+b=100 \\
& b+c=94 \\
+\ & c+a=98 \\
\hline
& a+b+b+c+c+a=100+94+98 \\
& 2a+2b+2c=292 \\
& a+b+c=146 \\
& a=52 \\
& b=48 \\
& c=46
\end{aligned}
$$

동류항 정리
양변을 2로 나눔
②식을 좌변에 대입
①식에 $a=52$를 대입
③식에 $b=48$을 대입

문자를 이용하여 구한 식의 값은 $a=52$이므로 여우는 52kg이고, $b=48$이므로 오소리는 48kg이며, $c=46$이므로 사슴은 46kg입니다.

따라서 여우의 몸무게는 52kg이므로 다리를 건널 수가 없습니다. 이처럼, 문자를 이용한 식을 세우면 식의 값을 쉽게 구할 수 있습니다.

문자를 이용한 덧셈 · 뺄셈

문자를 이용한 덧셈과 뺄셈식의 계산은 다음과 같은 규칙에 따라 계산을 하면 쉽고 편리합니다.

(1) 같은 문자는 같은 문자끼리_{동류항} 계산하고, 같은 문자끼리 계산할 때는 문자 앞의 수_{계수}들만 계산합니다.

$$2a+3b+4a-4b=2a+4a+3b-4b$$
$$=6a-b$$

(2) 같은 문자라도 차수$_{지수}$가 다르면 동류항이 아닙니다.

$$2a+4a^3-2b-a=4a^3+2a-a-2b$$
$$=4a^3+a-2b$$

(3) 괄호가 있으면 소괄호, 중괄호, 대괄호 순으로 분배법칙을 이용하여 계산하고 동류항은 동류항끼리 계산합니다.

$$2a-4\{-3(2b-3a)+2\}=2a-4\{-6b+9a+2\}$$
$$=2a+24b-36a-8$$
$$=-34a+24b-8$$

(4) 분수는 통분하고 나서 계산합니다.

$$\frac{3a+b}{2}-\frac{2a-3b}{5}=\frac{15a+5b}{10}-\frac{4a-6b}{10}$$
$$=\frac{15a-4a+5b+6b}{10}$$
$$=\frac{11a+11b}{10}$$
$$=\frac{11}{10}a+\frac{11}{10}b$$

　다음은 다항식에서 틀리기 쉬운 식들입니다. 다항식을 풀 때 주의하도록 합니다.

⑴ 숫자와 문자는 같이 합할 수 없습니다.

$$2a+4a+4=10a(\times) \implies 2a+4a+4=6a+4(\bigcirc)$$

(2) 문자 앞의 계수끼리만 계산합니다.

$$2a-4a=-2(\times) \ \Rightarrow \ 2a-4a=-2a(\bigcirc)$$

$$-4(a-2b)=-4a-8b(\times) \ \Rightarrow$$

$$-4(a-2b)=-4a+8b(\bigcirc)$$

$$(-)\times(-)=(+)$$

문자를 이용한 곱셈 · 나눗셈

문자를 이용한 곱셈과 나눗셈의 계산은 다음과 같은 규칙에 의해 계산하면 쉽고 편리합니다.

(1) 수와 문자, 문자와 문자 사이의 곱셈 기호는 생략하여 표시하고 숫자는 문자 앞에 써 주되 문자 앞의 1은 생략합니다.

$$2\times a\times3\times b+4-a\times b\times2=2a\times3b+4-2ab$$

$$=6ab+4-2ab$$

$$=4ab+4$$

(2) 같은 문자끼리의 곱셈은 거듭제곱으로, 문자는 알파벳순으로 나타냅니다.

$$2a \times b \times b + 4a \times 2b \times a = 2ab \times b + 8ab \times a$$
$$= 2ab \times b + 8a \times a \times b$$
$$= 2ab^2 + 8a^2 b$$

(3) 괄호가 있으면 소괄호, 중괄호, 대괄호 순으로 분배법칙을 이용하여 푼 다음 동류항은 동류항끼리 계산합니다.

$$2a - 3\{a \times 3(b+a) + 2\} = 2a - 3\{3a(b+a) + 2\}$$
$$= 2a - 3(3ab + 3a^2 + 2)$$
$$= 2a - 9ab - 9a^2 - 6$$
$$= -9a^2 + 2a - 9ab - 6$$

(4) 나눗셈은 분수의 역수로 고쳐서 곱셈처럼 계산합니다.

$$2 \times a \div 3 \times b \div a + 2 + a = 2a \times \frac{1}{3} \times b \times \frac{1}{a} + 2 + a$$
$$= \frac{2a}{3} \times \frac{b}{a} + 2 + a$$
$$= \frac{2ab}{3a} + 2 + a$$
$$= \frac{2b}{3} + a + 2$$

도형에서도 문자를 이용한 식을 많이 사용합니다. 특히 이미 증명된 공식들은 문자를 이용하여 나타내고 있습니다. 몇 가지 예를 살펴봅시다.

거리＝속력×시간 ➡ $s=vt$

원의 둘레＝2×원주율×반지름 ➡ $l=2\pi r$

원기둥의 부피＝밑면의 넓이×높이 ➡ $V=Sh$

이밖에도 많은 식들은 문자를 이용하여 나타내고 있습니다. 아래의 도형의 넓이를 S라 할 때, 넓이 S를 a, b, c를 이용한 문자의 식으로 나타내 보겠습니다.

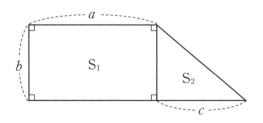

직사각형의 넓이 S_1을 a, b를 이용한 식으로 나타내면 다음

과 같습니다.

$$S_1 = a \times b = ab$$

삼각형의 넓이 구하는 공식은 (밑변의 길이) × (높이) ÷ 2이
므로 삼각형의 넓이 S_2를 a, b, c를 이용한 식으로 나타내면 다
음과 같습니다.

$$S_2 = c \times b \div 2 = \frac{1}{2}cb = \frac{1}{2}bc$$

따라서 전체 도형의 넓이는 사각형의 넓이와 삼각형의 넓이
의 합이므로 문제의 도형의 넓이 S를 a, b, c를 이용한 문자의
식으로 나타내면 다음과 같습니다.

$$S = S_1 + S_2$$
$$S = ab + \frac{1}{2}bc$$

알아둡시다

1. 문자를 이용한 덧셈과 뺄셈의 계산

동류항같은 문자, 같은 차수은 동류항끼리 계산하고, 동류항끼리 계산할 때는 계수문자 앞의 수만 계산합니다.

2. 문자를 이용한 곱셈과 나눗셈의 계산

- 수와 문자, 문자와 문자 사이의 곱셈 기호는 생략하여 계산하고 숫자는 문자 앞에 써 주되 문자 앞의 1은 생략합니다.
- 같은 문자끼리의 곱셈은 거듭제곱으로 나타내며 문자는 알파벳순으로 나타냅니다.

두 다항식이 괄호의 곱으로 이루어진 경우에는

분배법칙을 이용하여 전개하고 동류항을 간단히 정리하여

하나의 다항식으로 나타냅니다.

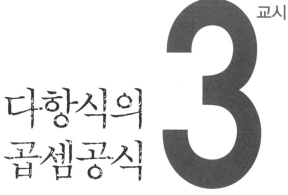

다항식의
곱셈공식

3교시 학습 목표

1. 분배법칙을 알고 다항식의 전개에 이용할 수 있습니다.
2. 곱셈공식을 이용하여 다항식의 전개를 쉽게 할 수 있습니다.

미리 알면 좋아요

1. **분배법칙** 두 수의 합에 다른 한 수를 곱한 것이 그것을 각각 곱한 것의 합과 같다는 법칙입니다.

   $a(b+c)=ab+ac,\ (a+b)c=ac+bc$

2. **다항식의 전개** 두 다항식이 괄호의 곱으로 이루어진 경우에는 분배법칙을 이용하여 전개한 뒤에 동류항이 있으면 간단히 정리하여 하나의 다항식으로 나타냅니다.

3^{교 시}

문제

1 다음과 같이 두 일차식의 곱으로 이루어진 식이 있습니다. 아래의 식을 분배법칙을 이용하여 전개하시오.

$$(3x+2y)(3x-2y)$$

두 다항식이 괄호의 곱으로 이루어진 경우에는 분배법칙을 이용하여 전개한 뒤에 동류항이 있으면 간단히 정리하여 하나의 다항식으로 나타냅니다. 그런데 간단한 다항식의 곱은 분배법칙으로 전개하면 되지만 복잡한 다항식의 곱은 이미 증명된 곱셈공식을 이용하면 편리합니다.

이미 증명된 곱셈공식들을 알아보고, 곱셈공식의 원리도 살펴봅시다.

곱셈공식 ❶

(단항식) × (다항식) : $x(a+b) = ax + bx$

(다항식) × (다항식) : $(a+b)(c+d) = ac + ad + bc + bd$

곱셈공식 ❶이 나오는 원리를 직사각형의 넓이를 구하는 식을 통해 살펴봅시다.

(단항식)×(다항식)의 곱셈공식은 직사각형 두 개의 넓이로 표현할 수 있습니다.

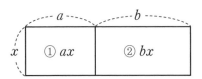

큰 직사각형의 가로 : $a+b$

큰 직사각형의 세로 : x

큰 직사각형의 넓이 : $x(a+b)$

따라서 큰 직사각형의 넓이는 다음과 같이 나타낼 수 있습니다.

$x(a+b)=①+②=ax+bx$

(다항식)×(다항식)의 곱셈공식은 네 개의 직사각형의 넓이의 합으로 표현할 수 있습니다.

큰 직사각형의 가로는 a와 b를 더한 $a+b$이고, 큰 직사각형의 세로는 c와 d를 더한 $c+d$입니다. 그렇다면 큰 직사각형의 넓이는 $(a+b)(c+d)$가 됩니다.

큰 직사각형의 가로 : $a+b$

큰 직사각형의 세로 : $c+d$

큰 직사각형의 넓이 : $(a+b)(c+d)$

직사각형의 넓이를 문자를 이용한 식으로 구하면 다음과 같습니다. 먼저 큰 직사각형의 넓이는 네 개의 작은 직사각형 ①, ②, ③, ④ 넓이의 합과 같습니다.

$$(a+b)(c+d)=①+②+③+④$$
$$=ac+bc+ad+bd$$

따라서 큰 직사각형의 넓이 $(a+b)(c+d)$는 분배법칙을 이용하여 전개한 식과 같음을 알 수 있습니다. 그러므로 곱셈

공식 ❶은 $(a+b)(c+d)=a(c+d)+b(c+d)=ac+ad$
$+bc+bd$로 전개됩니다.

곱셈공식 ❶을 이용하여 괄호의 곱으로 이루어진 다항식
$(3x+4)(2x-3)$을 전개해 봅시다.

$$(3x+4)(2x-3)=6x^2-9x+8x-12$$
$$=6x^2-x-12$$

곱셈공식 ❷

합의 제곱 : $(a+b)^2=a^2+2ab+b^2$
차의 제곱 : $(a-b)^2=a^2-2ab+b^2$

곱셈공식 ❷ 중에서 합의 제곱은 작은 정사각형으로 만든
큰 정사각형의 넓이를 이용한 전개식입니다. $(a+b)^2$을
$(a+b)(a+b)$로 고쳐 전개하면 $(a+b)^2$은 아래의 큰 정사
각형의 넓이와 같습니다.

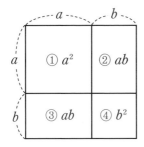

큰 직사각형의 가로 : $a+b$

큰 직사각형의 세로 : $a+b$

큰 직사각형의 넓이 : $(a+b)(a+b)=(a+b)^2$

큰 정사각형의 넓이를 문자를 이용한 식으로 고쳐봅시다.
큰 정사각형의 넓이는 네 개의 작은 직사각형 ①, ②, ③, ④ 넓이의 합과 같습니다.

$$(a+b)(a+b)=①+②+③+④$$
$$=a^2+ab+ab+b^2$$
$$=a^2+2ab+b^2$$

따라서 위의 큰 정사각형의 넓이 $(a+b)(a+b)$는 분배법

칙을 이용하여 전개한 식과 같음을 알 수 있습니다.

$$(a+b)^2=(a+b)(a+b)$$

$$=a(a+b)+b(a+b)$$

$$=a^2+ab+ab+b^2$$

$$=a^2+2ab+b^2$$

$$\therefore (a+b)^2=a^2+2ab+b^2$$

곱셈공식 ❶이 서로 다른 두 일차식의 곱으로 이루어진 식이라면 곱셈공식 ❷는 서로 같은 두 일차식의 곱으로 이루진 식입니다. 따라서 곱셈공식 ❷도 곱셈공식 ❶처럼 분배법칙의 원리에 따라 전개됨을 알 수 있습니다.

곱셈공식 ❷ 중에서 차의 제곱 공식의 원리도 사각형의 넓이를 통해 살펴봅시다. $(a-b)^2$을 $(a-b)(a-b)$로 고쳐 전개하면 $(a-b)^2$는 아래의 작은 정사각형의 넓이와 같습니다.

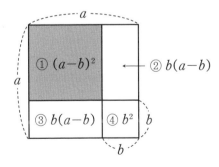

큰 정사각형의 가로, 세로 : a

정사각형 ①의 가로, 세로 : $a-b$

정사각형 ①의 넓이 : $(a-b)(a-b)$

사각형 ②의 넓이 : $ab-b^2$

사각형 ③의 넓이 : $ab-b^2$

정사각형 ④의 넓이 : b^2

색칠한 정사각형 ①의 넓이를 문자를 이용한 식으로 고쳐 봅시다. 정사각형 ①의 넓이를 구하려면 큰 정사각형의 넓이에서 ②, ③, ④의 넓이를 빼면 됩니다.

$$
\begin{aligned}
(a-b)^2 &= a^2-(②+③+④) \\
&= a^2-(ab-b^2+ab-b^2+b^2) \\
&= a^2-(2ab-b^2) \\
&= a^2-2ab+b^2
\end{aligned}
$$

따라서 앞의 색칠한 정사각형 ①의 넓이는 분배법칙을 이용하여 전개한 식과 같음을 알 수 있습니다.

$$(a-b)^2 = (a-b)(a-b)$$
$$= a(a-b) - b(a-b)$$
$$= a^2 - ab - ab + b^2$$
$$= a^2 - 2ab + b^2$$

곱셈공식 ❷를 이용하여 예제 문제, 괄호의 제곱으로 된 다항식을 전개해 봅시다.

예제 i) $(a+3)^2$ 예제 ii) $(3x+2y)^2$

예제 iii) $(a-3)^2$ 예제 iv) $(3x-2y)^2$

풀이 i) $(a+3)^2 = a^2 + 2 \times a \times 3 + 3 \times 3$
$$= a^2 + 6a + 9$$
ii) $(3x+2y)^2 = (3x)^2 + 2 \times 3x \times 2y + (2y)^2$
$$= 9x^2 + 12xy + 4y^2$$

iii) $(a-3)^2 = a^2 + 2 \times a \times (-3) + (-3) \times (-3)$

$\qquad\qquad = a^2 - 6a + 9$

iv) $(3x-2y)^2 = (3x)^2 + 2 \times 3x \times (-2y) + (-2y)^2$

$\qquad\qquad\quad = 9x^2 - 12xy + 4y^2$

곱셈공식 ❸

합·차 공식 : $(a+b)(a-b) = a^2 - b^2$

합·차 공식은 하나의 정사각형에서 가로는 늘리고, 세로는 줄여서 생긴 직사각형의 넓이를 이용한 전개식입니다. $(a+b)(a-b)$를 분배법칙을 이용하여 전개하면 아래의 큰 정사각형의 넓이와 같습니다.

분배법칙 이용 : $(a+b)(a-b) = a^2 - ab + ab - b^2$

$\qquad\qquad\qquad\qquad = a^2 - b^2$

사각형의 넓이 이용 :

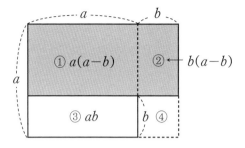

색칠한 직사각형의 넓이 : ① + ②

직사각형 ①의 넓이 : $a^2 - ab$

직사각형 ②의 넓이 : $ab - b^2$

직사각형 ① + ②의 넓이 : $a^2 - ab + ab - b^2 = a^2 - b^2$

색칠한 직사각형의 넓이 ① + ②를 문자를 이용한 식으로
구해 보겠습니다. 가로의 길이는 $a + b$, 세로의 길이는 $a - b$이
므로 색칠한 직사각형의 넓이는 사각형 ①, ② 넓이의 합과 같
으므로 다음과 같이 정리할 수 있습니다.

$$① + ② = (a+b)(a-b)$$
$$= a^2 - ab + ab - b^2$$
$$= a^2 - b^2$$

따라서 $(a+b)(a-b)$는 a^2-b^2으로 전개됨을 확인할 수 있습니다.

곱셈공식 ❸을 이용하여 괄호의 곱으로 된 다항식 $(a+3)(a-3)$을 전개해 봅시다.

$$(a+3)(a-3)=a^2-3a+3a-9$$
$$=a^2-9$$

이제 문제에서 제시했던 일차식의 곱으로 이루어진 식을 분배법칙을 이용해 풀어 봅시다.

$$(3x+2y)(3x-2y)=9x^2-6xy+6xy-4y^2$$
$$=9x^2-4y^2$$

곱셈공식 ❶, ❷, ❸ 외에도 알아 두면 편리한 곱셈공식들을 정리해 보았습니다. 가능하면 외워 두는 것이 편리합니다.

① $x(a+b)=ax+bx$

② $(a+b)^2=a^2+2ab+b^2$

$(a-b)^2=a^2-2ab+b^2$

$(a+b+c)^2=a^2+b^2+c^2+2ab+2bc+2ca$

③ $(a+b)(a-b)=a^2-b^2$

④ $(x+a)(x+b)=x^2+(a+b)x+ab$

⑤ $(a+b)^3=a^3+3a^2b+3ab^2+b^3$

$(a-b)^3=a^3-3a^2b+3ab^2-b^3$

⑥ $(a^2+ab+b^2)(a^2-ab+b^2)=a^4+a^2b^2+b^4$

⑦ $\left(a+\dfrac{1}{a}\right)^2=a^2+\dfrac{1}{a^2}+2$

$\left(a-\dfrac{1}{a}\right)^2=a^2+\dfrac{1}{a^2}-2$

꼭 알아둡시다

다항식의 곱셈공식

다항식의 곱을 전개할 때 쓰이는 공식입니다. 두 다항식이 괄호의 곱

으로 이루어진 경우에는 분배법칙을 이용하여 전개합니다.

$$(a+b)(c+d)=ac+ad+bc+bd$$

곱셈공식의
활용

4 교시

4교시 학습 목표

1. 분수식에서 분모를 유리화할 수 있습니다.
2. 곱셈공식의 변형을 이용하여 문제를 쉽게 풀 수 있습니다.

미리 알면 좋아요

피타고라스의 정리 피타고라스Pythagoras, B.C.580~B.C.500는 그리스의 수학자입니다. 피타고라스는 사모스에서 태어났는데 이탈리아로 건너가 피타고라스학파를 설립하였습니다. 피타고라스학파에서 발견된 것 중 가장 유명한 것이 바로 '피타고라스의 정리' 입니다.

'피타고라스의 정리' 란 '직각삼각형에서 빗변의 길이의 제곱은 나머지 두 변의 길이의 제곱의 합과 같다' 입니다.

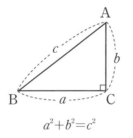

$$a^2 + b^2 = c^2$$

4교시

문제

1 혁수와 수윤이는 아침 식사로 어머니께서 직사각형 모양의 식빵으로 만들어 준 토스트를 대각선으로 잘라 나누어 먹었습니다. 직사각형 토스트의 둘레는 42cm이고 대각선의 길이는 15cm입니다.

혁수와 수윤이가 똑같은 크기의 토스트를 먹었다면 수윤이가 먹은 토스트의 넓이를 구하시오.

곱셈공식을 이용한 분모의 유리화

분수식에서 분모가 무리수일 때, 분모를 유리수인 분수로 만드는 것을 분모의 유리화라고 합니다. 분모의 유리화에는 분모의 항이 한 개인 경우와 분모의 항이 두 개 이상인 경우가 있습니다.

분모의 항이 한 개인 경우에는 무리수를 제곱하면 유리수가 되는 원리를 이용하여 분모와 분자에 무리수인 분모와 같은 수를 곱해 줍니다.

$$\frac{a}{\sqrt{b}} = \frac{a \times \sqrt{b}}{\sqrt{b} \times \sqrt{b}} = \frac{a\sqrt{b}}{(\sqrt{b})^2} = \frac{a\sqrt{b}}{b}$$

$$\frac{2}{\sqrt{3}} = \frac{2 \times \sqrt{3}}{\sqrt{3} \times \sqrt{3}} = \frac{2\sqrt{3}}{(\sqrt{3})^2} = \frac{2\sqrt{3}}{3}$$

분모의 항이 두 개인 경우에는 곱셈공식 $(a+b)(a-b) = a^2 - b^2$을 이용하여 분모를 유리화합니다.

$$\frac{a}{\sqrt{b}+\sqrt{c}} = \frac{a \times (\sqrt{b}-\sqrt{c})}{(\sqrt{b}+\sqrt{c})(\sqrt{b}-\sqrt{c})}$$

$$= \frac{a(\sqrt{b}-\sqrt{c})}{(\sqrt{b})^2 - (\sqrt{c})^2} = \frac{a(\sqrt{b}-\sqrt{c})}{b-c}$$

$$\frac{2}{\sqrt{3}+\sqrt{5}} = \frac{2 \times (\sqrt{3}-\sqrt{5})}{(\sqrt{3}+\sqrt{5})(\sqrt{3}-\sqrt{5})}$$

$$= \frac{2(\sqrt{3}-\sqrt{5})}{3-5} = \frac{2(\sqrt{3}-\sqrt{5})}{-2}$$

$$= \frac{2(\sqrt{5}-\sqrt{3})}{2} = \sqrt{5}-\sqrt{3}$$

기본 공식의 활용

수의 계산에서도 곱셈공식을 이용하면 쉽게 답을 구할 수 있습니다. 아래의 식의 계산은 곱셈의 기본 공식을 유형별로 이용한 것입니다.

① $(a+b)^2 = a^2 + 2ab + b^2$

$105^2 = (100+5)^2 = 10000 + 1000 + 25 = 11025$

$(\sqrt{3}+\sqrt{5})^2 = 3 + 2\sqrt{15} + 5 = 8 + 2\sqrt{15}$

② $(a-b)^2 = a^2 - 2ab + b^2$

$95^2 = (100-5)^2 = 10000 - 1000 + 25 = 9025$

$(\sqrt{3}-\sqrt{5})^2 = 3 - 2\sqrt{15} + 5 = 8 - 2\sqrt{15}$

③ $(a+b)(a-b) = a^2 - b^2$

$103 \times 97 = (100+3)(100-3) = 10000 - 9 = 9991$

$(\sqrt{3}+\sqrt{5})(\sqrt{3}-\sqrt{5}) = 3 - 5 = -2$

④ $(x+a)(x+b) = x^2 + (a+b)x + ab$

$102 \times 103 = (100+2)(100+3) = 10000 + 500 + 6$
$$= 10506$$

$(\sqrt{3}+2)(\sqrt{3}+3) = 3 + 5\sqrt{3} + 6 = 9 + 5\sqrt{3}$

⑤ $(ax+b)(cx+d)=acx^2+(bc+ad)x+bd$

$$102 \times 203 = (100+2)(200+3) = 20000+700+6$$
$$= 20706$$

$$(\sqrt{3}+2\sqrt{5})(\sqrt{3}-4\sqrt{5}) = 3-2\sqrt{15}-40$$
$$= -37-2\sqrt{15}$$

곱셈공식의 변형

합의 제곱이나 차의 제곱 또는 합·차 공식을 변형하여 식의 값을 쉽게 구할 수 있습니다.

$$(a+b)^2 = a^2 + 2ab + b^2 \ \Rightarrow\ a^2+b^2 = (a+b)^2 - 2ab$$

위 곱셈공식을 적용해서 예제를 풀어 봅시다.

예제 i) $a+b=4$, $ab=3$일 때, a^2+b^2의 값을 구하시오.

풀이 $a^2+b^2 = (a+b)^2 - 2ab$
$$= 4^2 - 2 \times 3 = 10$$

예제 ii) $a+\dfrac{1}{a}=4$일 때, $a^2+\dfrac{1}{a^2}$의 값은?

$$\text{풀이} \quad a^2 + \frac{1}{a^2} = \left(a + \frac{1}{a}\right)^2 - 2 \times a \times \frac{1}{a}$$

$$= \left(a + \frac{1}{a}\right)^2 - 2$$

$$= 4^2 - 2 = 14$$

$$(a-b)^2 = a^2 - 2ab + b^2 \ \Rightarrow \ a^2 + b^2 = (a-b)^2 + 2ab$$

위 곱셈공식을 적용해서 예제를 풀어 봅시다.

예제 i) $a - b = 4$, $ab = 3$일 때, $a^2 + b^2$의 값은?

$$\text{풀이} \quad a^2 + b^2 = (a-b)^2 + 2ab$$

$$= 4^2 + 2 \times 3$$

$$= 22$$

예제 ii) $a - \dfrac{1}{a} = 4$일 때, $a^2 + \dfrac{1}{a^2}$의 값은?

$$\text{풀이} \quad a^2 + \frac{1}{a^2} = \left(a - \frac{1}{a}\right)^2 + 2 \times a \times \frac{1}{a}$$

$$= \left(a - \frac{1}{a}\right)^2 + 2$$

$$= 4^2 + 2 = 18$$

$$(a+b)^2 = (a-b)^2 + 4ab$$

위 곱셈공식을 적용해서 예제를 풀어 봅시다.

예제 i) $a-b=4$, $ab=3$일 때, $(a+b)^2$의 값은?

풀이 $(a+b)^2 = (a-b)^2 + 4ab$

$$= 4^2 + 4 \times 3 = 28$$

예제 ii) $a - \dfrac{1}{a} = \sqrt{5}$일 때, $\left(a + \dfrac{1}{a}\right)^2$의 값은?

풀이 $\left(a + \dfrac{1}{a}\right)^2 = \left(a - \dfrac{1}{a}\right)^2 + 4 \times a \times \dfrac{1}{a}$

$$= \left(a - \dfrac{1}{a}\right)^2 + 4$$

$$= (\sqrt{5})^2 + 4 = 9$$

$$(a-b)^2 = (a+b)^2 - 4ab$$

위 곱셈공식을 적용해서 예제를 풀어 봅시다.

예제 i) $a+b=4$, $ab=3$일 때, $(a-b)^2$의 값은?

풀이 $(a-b)^2 = (a+b)^2 - 4ab$

$$= 4^2 - 4 \times 3 = 4$$

예제 ii) $a + \dfrac{1}{a} = 4$일 때, $\left(a - \dfrac{1}{a}\right)^2$의 값은?

풀이 $\left(a - \dfrac{1}{a}\right)^2 = \left(a + \dfrac{1}{a}\right)^2 - 4 \times a \times \dfrac{1}{a}$

$$= \left(a + \dfrac{1}{a}\right)^2 - 4$$

$$= 4^2 - 4 = 12$$

이제 앞에서 제시한 문제를 곱셈공식을 활용하여 풀어 봅시다. 문제에서 수윤이가 먹은 토스트는 둘레가 42cm이고 대각선의 길이가 15cm라고 했습니다.

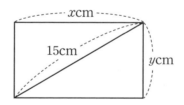

수윤이가 먹은 토스트의 넓이를 알기 위해서는 피타고라스의 정리와 곱셈공식을 이용해 풀어야 합니다.

직사각형의 둘레가 42cm이므로 $x+y$는 21입니다.

피타고라스의 정리에 의해 $x^2+y^2=15^2=225$입니다.

$x+y=21$ …… ①

$x^2+y^2=225$ …… ②

$x^2+y^2=(x+y)^2-2xy$ ←곱셈공식 이용

$225=21^2-2xy$ ←①과 ②를 공식에 대입

$2xy=441-225=216$

$xy=108$

삼각형의 넓이를 구하는 공식은 $x \times y \div 2$입니다. 우리는 이미 xy 값이 108임을 알고 있으므로 이를 대입해 풀어 보면 가 $108 \div 2=54$가 됩니다.

따라서 수윤이가 먹은 토스트의 넓이는 54cm^{2}입니다.

알아둡시다

분모의 유리화

분수식에서 분모가 무리수일 때, 분모를 유리수로 만드는 것을 분모의

유리화라고 합니다.

분모를 유리화할 때는 곱셈공식 $(a+b)(a-b)=a^2-b^2$을 이용하여

분모를 유리화합니다.

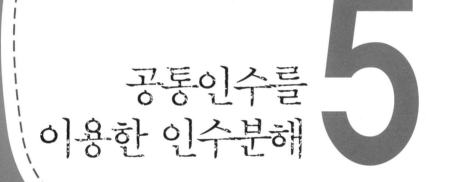

공통인수를
이용한 인수분해

공통인수를
이용한 인수분해

5 교시

5교시 학습 목표

1. 약수와 인수의 차이점과 쓰임을 알 수 있습니다.

2. 다항식에서의 최대공약수와 최소공배수를 구할 수 있습니다.

3. 인수분해의 기본 원리를 알고 인수분해할 수 있습니다.

미리 알면 좋아요

1. **소수** 1 보다 큰 자연수 중에서 1과 자신만을 약수로 가지는 수를 소수라고 합니다. 2, 3, 5, 7, 11, 13, …

2. **대칭식** 두 개 이상의 문자로 이루어진 식에서 임의의 두 문자를 바꿨을 때, 결과가 항상 같은 식을 대칭식이라고 합니다.

   $$x(y+z)+y(z+x)+z(x+y)=y(x+z)+x(z+y)+z(y+x)$$

   ← $x \leftrightarrow y$인 대칭식

3. **교대식** 두 개 이상의 문자로 이루어진 식에서 임의의 두 문자를 바꿨을 때, 식의 부호 +, − 가 바뀌는 식을 교대식이라고 합니다.

   $$b-a \leftrightarrow a-b = -(b-a)$$ ← 두 문자 a, b의 교대식

   $$(a-b)(b-c)(c-a) \leftrightarrow (b-a)(a-c)(c-b)$$
   $$= -(a-b)(c-a)(b-c)$$

   ← 세 문자 a, b, c의 교대식에서 $a \leftrightarrow b$인 교대식

문제

1 삼각형의 세 변 a, b, c 사이에 $ab^2 - ac^2 = 0$의 관계가 성립할 때, 이 삼각형은 어떤 삼각형입니까?

자연수에서 어떤 수를 1배, 2배, 3배 한 수를 그 수의 배수라고 하고, 어떤 수를 나누어떨어지게 하는 수를 그 수의 약수라고 합니다. 또한 어떤 수는 그 수 자신의 배수가 되기도 하고, 약수가 되기도 됩니다.

약수가 어떤 수를 나누어떨어지게 하는 수인 것처럼 인수도 같은 의미를 가지고 있습니다. 즉, 자연수 a, b, c에 대하여 $a=b×c$일 때 b, c를 a의 인수라고 합니다.

구분해서 말하자면 약수는 나눗셈 개념에서 쓰는 용어이고 인수는 곱셈 개념에서 쓰이는 말입니다. 따라서 약수는 나누어떨어진다는 의미를 가지고 인수는 어떤 수를 곱하면 그 수가 된다는 의미를 가지고 있습니다.

$6÷2=3$, $6÷3=2$, 2와 3은 6의 약수
6은 2나 3으로 나누어떨어짐

$2×3=6$, $6=2×3$, 2와 3은 6의 인수
2에 3을 곱하면 6이 됨

하지만, 꼭 구분해서 쓰지는 않습니다. 상황에 따라 약수라고도 하고 인수라고도 합니다. 약수는 자연수나 정수의 수 체계 범위에서 많이 쓰인다면, 인수는 문자와 숫자의 곱으로 이루어진 다항식이나 방정식과 관련된 단원에서 자주 쓰는 용어입니다.

약수는 나눗셈 개념에서 쓰는 용어로 나누어떨어진다는 의미를 갖고 있습니다.

반면에 인수는 곱셈 개념에서 쓰이는 말이죠.

인수들 중에서 소수인 인수는 소인수, 숫자인 인수는 수인수, 문자인 인수를 문자인수라고 하죠.

일단 시원한 약수 (물)부터 마시고요. 꿀꺽~ 꿀꺽~

자연수에서 주어진 두 수의 약수 중 주어진 수들에 공통으로 들어 있는 약수를 그 수들의 공약수라고 합니다. 그리고 다항식에서 두 개 이상의 다항식의 공통인 약수를 이들 다항식의 공약수라고 합니다.

이 자연수들의 공약수 중에서 가장 큰 수, 다항식의 공약수 중에서 가장 큰 수를 최대공약수라고 합니다. 두 수 사이의 공약수가 1뿐일 때, 그 두 수를 서로소라고 합니다. 서로소는 공약수가 1뿐이니까 최대공약수도 1밖에 없습니다.

두 다항식의 최대공약수는 각 다항식의 공약수들 중에서 차수가 가장 높은 공약수입니다. 또한 두 개 이상의 다항식에서 일차식 이상의 공약수를 가지지 않을 때, 두 다항식은 서로소라고 합니다.

다음 예제를 통해 약수, 공약수, 최대공약수에 대해 더 알아봅시다.

예제 i) 자연수 24, 18의 약수, 공약수, 최대공약수를 찾아보시오.

풀이 $24 = 1 \times 24$ $18 = 1 \times 18$

        $= 2 \times 12$ $= 2 \times 9$

        $= 3 \times 8$ $= 3 \times 6$

        $= 4 \times 6$

- 24의 약수 : 1, 2, 3, 4, 6, 8, 12, 24

- 18의 약수 : 1, 2, 3, 6, 9, 18

- 24와 18의 공약수 : 1, 2, 3, 6

- 24와 18의 최대공약수 : 6

예제 ii) 다항식 $A = 2x^2 + 2x$, $B = 3x^2 + 12x + 9$의 약수, 공약수, 최대공약수를 찾아보시오. 단, 상수는 제외

풀이 $A = 2x^2 + 2x$ $B = 3x^2 + 12x + 9$

       $= 2(x^2 + x)$ $= 3(x^2 + 4x + 3)$

       $= 2x(x+1)$ $= 3(x+1)(x+3)$

- A의 약수 : $x, x+1, x(x+1)$

- B의 약수 : $x+1, x+3, (x+1)(x+3)$

- A와 B의 공약수 : $x+1$

- A와 B의 최대공약수 : $x+1$

다항식에서 약수, 배수를 구할 때는 문자에 대한 인수를 생각하므로 수인수숫자로만 이루어진 인수는 무시합니다. 그래서 예제 ii)에서 약수를 구할 때에 수인수인 2나 3은 생략합니다.

자연수에서 주어진 두 수의 배수 중 주어진 수들에 공통으로 들어 있는 배수를 그 수들의 공배수라고 합니다. 그리고 다항식에서는 두 개 이상의 다항식의 공통인 배수를 이들 다항식의 공배수라고 합니다.

이 자연수들의 공배수 중에서 가장 작은 수, 다항식의 공배수 중에서 차수가 가장 낮은 것을 최소공배수라고 합니다. 두 다항식의 최소공배수는 각 다항식의 공약수들 중에서 차수가 높은 약수와 나머지의 약수들을 곱한 것입니다.

앞의 예제 ii)번 다항식 $A=2x^2+2x$, $B=3x^2+12x+9$를 통해 최소공배수를 찾아봅시다.

풀이
$$A=2x^2+2x \qquad\qquad B=3x^2+12x+9$$
$$=2(x^2+x) \qquad\qquad\quad =3(x^2+4x+3)$$
$$=2x(x+1) \qquad\qquad\quad =3(x+1)(x+3)$$

• A와 B의 최소공배수 : $x(x+1)(x+3)$

다항식의 최대공약수와 최소공배수를 구하는 두 가지 예제를 더 살펴보도록 합시다.

예제 i) $x^2y^3z^4$과 x^3y^2z의 최대공약수와 최소공배수를 구하시오.

풀이

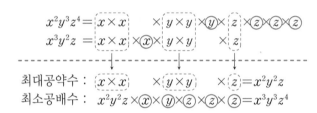

$x^2y^3z^4 = \boxed{x \times x} \quad \times \boxed{y \times y} \times \textcircled{y} \times \boxed{z} \times \textcircled{z} \times \textcircled{z} \times \textcircled{z}$

$x^3y^2z \ = \boxed{x \times x} \times \textcircled{x} \times \boxed{y \times y} \quad \times \boxed{z}$

최대공약수 : $\boxed{x \times x} \quad \times \boxed{y \times y} \quad \times \boxed{z} = x^2y^2z$

최소공배수 : $x^2y^2z \times \textcircled{x} \times \textcircled{y} \times \textcircled{z} \times \textcircled{z} \times \textcircled{z} = x^3y^3z^4$

예제 ii) $(x-1)(x+1)^2(x+2)$와 $(x+1)(x+2)^2(x-3)$의 최대공약수와 최소공배수를 구하시오.

풀이

$(x-1)(x+1)^2(x+2) = \boxed{(x-1) \times (x+1)} \times \boxed{(x+1) \times (x+2)}$

$(x+1)(x+2)^2(x-3) = \qquad\qquad\qquad \boxed{(x+1) \times (x+2)} \times \boxed{(x+2) \times (x-3)}$

최대공약수 : $\boxed{(x+1) \times (x+2)} = (x+1)(x+2)$

최소공배수 : $(x+1)(x+2) \times \boxed{(x-1) \times (x+1)} \times \boxed{(x+2) \times (x-3)}$

$\qquad\qquad\quad = (x-1)(x+1)^2(x+2)^2(x-3)$

두 다항식 A, B의 최대공약수를 G, 최소공배수를 L이라

할 때, $A=aG$, $B=bG$$_{a, b는 \text{ 서로소}}$로 나타낼 수 있습니다. 이 때, 두 다항식의 최대공약수와 최소공배수의 관계는 아래와 같습니다. 단, 아래 조건은 주어진 다항식 A, B 모두 최고차항의 계수가 1일 때 성립합니다.

(1) $L=abG=bA=aB$

(2) $AB=aGbG=abGG=LG$

(3) $A+B=aG+bG=G(a+b)$,
    $A-B=aG-bG=G(a-b)$

인수분해 (因數分解, factorization)

임의의 자연수를 소수인 인수들의 곱으로 나타내는 것을 소인수분해라고 하고 임의의 정수나 다항식을 두 개 이상의 인수들의 곱으로 나타내는 것을 인수분해라고 합니다.

즉, 자연수를 곱으로 분해하는 것을 소인수분해라고 한다면, 인수분해는 주로 다항식을 곱으로 분해하여 나타낸 식을 말합니다.

자연수가 곱이 아닌 합이나 차 또는 나눗셈으로 되어 있으

면 소인수분해가 아닙니다. 마찬가지로 다항식이 곱이 아닌 합이나 차 또는 나눗셈으로 되어 있으면 인수분해가 아닙니다.

괄호는 하나의 항으로 보기 때문에 괄호 안의 합이나 차는 인수분해된 식입니다. 괄호와 괄호의 곱으로 연결되면 그것은 합이나 차로 이루어진 항이 아니라 곱으로 이루어진 항들이기 때문입니다.

$$4 = 2 \times 2 \qquad \text{← 소인수분해}$$

$$4 = 2 + 2 \qquad \text{← 소인수분해가 아님}$$

$$x^2 + 5x + 6 = (x+2)(x+3) \qquad \text{← 인수분해}$$

$$x^2 + 5x + 6 = (x^2 + 2x) + (3x + 6) \qquad \text{← 인수분해가 아님}$$

우리가 앞 단원에서 배운 다항식의 전개를 역으로 좌변과 우변을 바꾸면 인수분해가 됩니다.

$$\underset{\text{인수}}{(x+2)} \underset{\text{인수}}{(x+3)} \xrightleftharpoons[\text{인수분해}]{\text{전개}} \underset{\text{다항식}}{x^2 + 5x + 6}$$

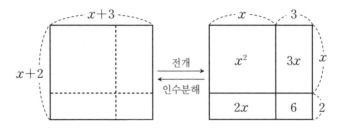

위의 도형을 통해 인수분해와 전개의 관계를 정리하면 두 개 이상의 다항식의 곱으로 이루어진 식 $(x+2)(x+3)$을 덧셈으로 이루어진 하나의 다항식 x^2+5x+6으로 만드는 것을 전개라 하고, 덧셈으로 이루어진 하나의 다항식 x^2+5x+6을 두 개 이상의 다항식의 곱 $(x+2)(x+3)$으로 만드는 것을 인수분해라고 합니다.

인수분해를 할 때, '복소수의 범위에서 인수분해하라' 또는 '실수의 범위에서 인수분해하라' 는 조건이 없으면 유리수의 범위에서 인수분해하면 됩니다.

다항식을 인수분해하는 방법에는 공통인수로 묶는 방법과 다항식의 곱셈공식의 역을 이용하는 방법 등이 있습니다.

그리고 차수가 높은 다항식을 인수분해할 때에는 인수정리

因數定理를 이용하는 것이 편리하며, 특별한 꼴을 한 다항식일 경우에는 대칭식對稱式이나 교대식交代式의 성질을 이용하면 쉽게 인수분해를 할 수 있습니다.

두 개 이상의 다항식에서 공통으로 들어 있는 약수를 공약수라고 합니다. 마찬가지로 다항식의 각 항에 공통으로 곱해진 인수를 공통인수라고 합니다.

인수분해에서 가장 기본적인 인수분해는 공통인수를 이용한 인수분해입니다. 공통인수를 이용한 인수분해는 분배법칙의 원리를 이용한 인수분해를 말합니다.

분배법칙과 인수분해가 다른 점은 분배법칙은 곱셈이 아닌 다른 사칙연산으로 이루어져도 되지만 인수분해는 인수의 곱으로만 이루어져야 하는 것입니다.

분배법칙 : $bc+bd=b(c+d)$ ➡ 분배법칙 (○)

$b(c+d)=bc+bd$ ➡ 분배법칙 (○)

인수분해 : $bc+bd=b(c+d)$ ➡ 인수분해 (○)

$b(c+d)=bc+bd$ ➡ 인수분해 (×)

우리는 이미 2교시의 다항식의 곱셈공식 ❶에서 분배법칙을 이용한 곱셈식의 전개를 배웠습니다.

$$(단항식) \times (다항식) : x(a+b) = ax + bx$$

분배법칙을 이용하여 전개

공통인수가 들어 있는 다항식의 인수분해의 예를 몇 가지 더 들어 보겠습니다. 먼저, 쉽게 공통인수가 보이는 다항식은 공통인수를 앞에 써 주고 나머지를 괄호 안에서 합이나 차로 나타내 주면 됩니다.

$$ac + 2bc = c(a + 2b)$$ ➡ 공통인수 : c

$$x^2y + xy^3 = xy(x + y^2)$$ ➡ 공통인수 : xy

$$(x + 2y) + 3y(x + 2y) = (x + 2y)(1 + 3y)$$

➡ 공통인수 : $x + 2y$

공통인수를 이용한 인수분해에서 공통인수 이외의 나머지 항들은 괄호 안에서 합이나 차로 간단히 정리한 다음, 인수분해로 나타냅니다.

예제 i) $(x-1)(x-2) + (x-1)(x+3)$

$$= (x-1)\{(x-2) + (x+3)\}$$

$$= (x-1)(x-2+x+3)$$

$$=(x-1)(2x+1)$$

예제 ii) $x(x+2y)+x(x+3y)+x(2x+y)$

$$=x(x+2y+x+3y+2x+y)$$

$$=x(4x+6y)$$

$$=2x(2x+3y)$$

공통인수로 묶을 수 있는 항이 있다면 공통인수로 묶어 냅니다. 그리고 나서도 공통인수가 있다면 다시 한 번 공통인수로 묶고 나머지 항들은 괄호 안에서 합이나 차로 나타냅니다.

예제 i) $ax-ay-bx+by$

$$=a(x-y)-b(x-y)$$

$$=(x-y)(a-b)$$

예제 ii) $1-x-y+xy$

$$=(1-x)-y(1-x)$$

$$=(1-x)(1-y)$$

공통인수가 쉽게 보이지 않으면 교환법칙을 이용하여 공통
인수를 만들어 냅니다.

예제 iii) $(a-b)x+(b-a)y=(a-b)x+(-a+b)y$
$$=(a-b)x-(a-b)y$$
$$=(a-b)(x-y)$$

예제 iv) $ax-ay+2by-2bx=a(x-y)+2b(y-x)$
$$=a(x-y)-2b(x-y)$$
$$=(x-y)(a-2b)$$

이제 본격적으로 5교시에 제시된 문제를 풀어 봅시다.

삼각형의 세 변 a, b, c 사이에 $ab^2-ac^2=0$의 관계가 성립
할 때, 이 삼각형은 어떤 삼각형인지 공통인수를 이용한 인수
분해를 통해 알아봅시다.

$$ab^2-ac^2=0$$
$$a(b^2-c^2)=0$$

$a(b+c)(b-c)=0$ ← $a>0$, $b>0$, $c>0$이므로 $b+c>0$
따라서, 위 식을 만족시키기 위해서는 $b=c$

$\therefore b=c$

따라서 위 삼각형은 b와 c의 길이가 같은 이등변삼각형입니다.

다항식의 곱셈정리와 마찬가지로 인수분해에도 기본 공식이 있습니다. 여기에 서술된 다항식의 인수분해의 기본 공식은 3교시의 다항식의 곱셈공식을 거꾸로 기술한 것이며 뒤에서 하나하나 다시 다루겠습니다.

인수분해의 기본 공식을 정리하면 다음과 같습니다.

공통인수가 있는 다항식의 인수분해
① $ax+bx=x(a+b)$

이차다항식의 인수분해
② $a^2+2ab+b^2=(a+b)^2$

$$a^2 - 2ab + b^2 = (a-b)^2$$

$$a^2 + b^2 + c^2 + 2ab + 2bc + 2ca = (a+b+c)^2$$

③ $a^2 - b^2 = (a+b)(a-b)$

④ $x^2 + (a+b)x + ab = (x+a)(x+b)$

$$acx^2 + (bc+ad)x + bd = (ax+b)(cx+d)$$

삼, 사차다항식의 인수분해

⑤ $a^3 + 3a^2b + 3ab^2 + b^3 = (a+b)^3$

$$a^3 - 3a^2b + 3ab^2 - b^3 = (a-b)^3$$

⑥ $a^3 + b^3 + c^3 - 3abc$

$$= (a+b+c)(a^2+b^2+c^2-ab-bc-ca)$$

$$= \frac{1}{2}(a+b+c)\{(a-b)^2+(b-c)^2+(c-a)^2\}$$

⑦ $a^4 + a^2b^2 + b^4 = (a^2+ab+b^2)(a^2-ab+b^2)$

분수식의 인수분해

⑧ $a^2 + \dfrac{1}{a^2} + 2 = \left(a + \dfrac{1}{a}\right)^2,\ a^2 + \dfrac{1}{a^2} - 2 = \left(a - \dfrac{1}{a}\right)^2$

두 문자 a, b의 교대식은 두 문자의 가장 간단한 교대식인 $a-b$로 나누어떨어지고, 세 문자 a, b, c의 교대식은 세 문자의 가장 간단한 교대식인 $(a-b)(b-c)(c-a)$로 나누어떨어집니다.

$$a^2(b-c)+b^2(c-a)+c^2(a-b)=-(a-b)(b-c)(c-a)$$

완전제곱식이란, 다항식에서
어떤 다항식의 제곱으로 인수분해된 식을 말합니다.

완전제곱식을
이용한 인수분해

6교시 학습 목표

완전제곱수와 완전제곱식에 대하여 알 수 있습니다.

미리 알면 좋아요

1. **완전제곱수** 어떤 정수를 제곱하여 얻어지는 수입니다.

   $0 \times 0 = 0$

   $1 \times 1 = 1$

   $2 \times 2 = 4$

   $3 \times 3 = 9$

   $\vdots$

   등은 완전제곱수입니다.

2. **완전제곱식** 다항식에서 어떤 다항식의 제곱으로 인수분해된 식입니다.

   $x^2 + 4x + 4 = (x+2)(x+2) = (x+2)^2$

문제

1 아름다움을 연구하는 학자들에 의하면 가장 아름다운 미인의 얼굴은 가로와 세로의 비가 아래와 같은 등식이 성립한다고 합니다.

$$가로를\ x,\ 세로를\ y라\ 할\ 때,\ \frac{y}{x}=\frac{x+y}{y}\ x<y$$

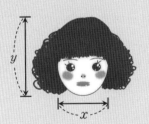

수윤이 얼굴은 가로의 길이가 12cm입니다. 수윤이 얼굴의 세로 길이가 몇 cm일 때, 미인형 얼굴이 되는지 알아보시오. 단, $\sqrt{5}=2.24$로 계산한다.

수에는 완전제곱수라는 것이 있습니다. 어떤 정수를 제곱하여 얻어지는 수를 완전제곱수라고 합니다. 따라서 0도 정수이므로 0을 제곱하여 얻어지는 0도 완전제곱수가 됩니다.

$0 \times 0 = 0$

$1 \times 1 = 1$

$2 \times 2 = 4$

$3 \times 3 = 9$

수에서 완전제곱수가 있듯이 다항식에서는 완전제곱식이 있습니다. 완전제곱식이란 다항식의 제곱으로 이루어진 식을 말합니다.

- $(x+2) \times (x+2) = (x+2)(x+2) = (x+2)^2$
- $(1-x) \times (1-x) = (1-x)(1-x) = (1-x)^2$
- $(x+y-2) \times (x+y-2) = (x+y-2)(x+y-2)$
$$= (x+y-2)^2$$

또한 제곱으로 이루어진 다항식 앞에 상수를 곱한 다항식도 완전제곱식입니다.

- $3(x+2)(x+2)=3(x+2)^2$
- $-1(x+2)(x+2)=-(x+2)^2$
- $-3(x+2)(x+2)=-3(x+2)^2$

다항식을 완전제곱식으로 인수분해하는 경우는 두 개의 유형이 있습니다.

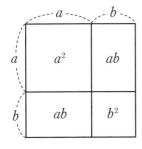 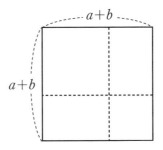

$$a^2+2ab+b^2=(a+b)^2$$

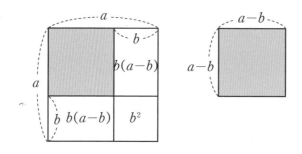

$$a^2 - 2ab + b^2 = (a-b)^2$$

위 두 식을 합하여 아래와 같이 쓰기도 합니다.

$$a^2 \pm 2ab + b^2 = (a \pm b)^2$$

완전제곱식으로 인수분해할 때는 다음 두 가지 원리를 이용합니다.

첫 번째는 도형을 이용한 완전제곱식을 구하는 방법입니다.

큰 정사각형 넓이를 문자를 이용한 식으로 구하면 다음과 같습니다. 큰 정사각형의 넓이는 네 개의 작은 직사각형 ①, ②, ③, ④ 넓이의 합과 같습니다.

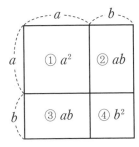

큰 직사각형의 가로 : $a+b$

큰 직사각형의 세로 : $a+b$

큰 직사각형의 넓이 : $(a+b)(a+b)$

①$+$②$+$③$+$④$=a^2+ab+ab+b^2=a^2+2ab+b^2$

이제 큰 정사각형의 넓이 구하는 공식 (가로)$\times$(세로)를 이용하여 넓이를 나타내면 아래와 같습니다.

(가로)$\times$(세로)

$(a+b)\times(a+b)=(a+b)^2$

큰 정사각형의 넓이는 방법에 따라 $a^2+2ab+b^2$ 또는 $(a+b)^2$으로 나타낼 수 있습니다. 따라서 넓이는 서로 같으므로 $a^2+2ab+b^2=(a+b)^2$으로 나타냅니다.

완전제곱식을 만드는 두 번째 방법은 다음과 같습니다.

우리는 다항식에서 이미 분배법칙을 이용하여 $(a+b)$ $(a+b)$는 전개하면 $a^2+2ab+b^2$으로 되는 것과 전개된 다항식을 역으로 두 다항식의 곱으로 나타내는 것이 인수분해라는 것을 배웠습니다. 이 인수분해를 이용하여 완전제곱식을 만드는 것입니다.

① $a^2+2ab+b^2$ ➡ 곱해서 a^2과 b^2이 되는 식을 만듦

$a^2=a\times a$ 또는 $a^2=(-a)\times(-a)$로, $b^2=b\times b$ 또는 $b^2=(-b)\times(-b)$로 분해할 수 있습니다. 분해된 두 문자를 아래와 같이 배열합니다.

② $a^2+2ab+b^2$

$$
\begin{array}{cc}
a & b \\
a & b
\end{array}
$$

➡ 배열된 문자는 서로 대각선의 문자와 곱해 줌

곱해진 문자는 다음과 같이 더해서 $2ab$가 되도록 a와 b의 부호를 정합니다.

③ $a^2 + 2ab + b^2$

$$
\begin{array}{lll}
a & \searrow\;\; +b & \longrightarrow \;\; +\;\; ab \\
a & \nearrow\;\; +b & \longrightarrow \;\; \underline{+\;\; ab} \\
& & \qquad\quad 2ab
\end{array}
$$

가로선에 있는 두 문자를 괄호 안에 넣은 다음 곱으로 나타
냅니다.

④ $a^2 + 2ab + b^2$

$$
\begin{array}{l}
(a \;\searrow\; +b) \longrightarrow (a+b)(a+b) = (a+b)^2 \\
(a \;\nearrow\; +b)
\end{array}
$$

따라서 $a^2+2ab+b^2$을 $(a+b)^2$처럼 완전제곱식으로 나타
낼 수 있습니다. 다항식을 인수분해하는 방법은 위의 ①, ②,
③, ④번과 같은 방법으로 합니다.

다항식이 완전제곱식으로 인수분해되기 위해서는
$a^2+2ab+b^2$ 같은 식처럼 이차항과 상수항이 제곱으로 되어
있어야 합니다. 일차항의 절댓값은 이차항과 상수항의 양의 제
곱근을 곱한 것의 2배가 되어야 합니다.

$$2(\sqrt{a^2} \times \sqrt{b^2}) = 2(a \times b) = |2ab|$$

이것을 다시 그림으로 나타내면 다음과 같습니다.

$$a^2 + (\pm 2ab) + b^2$$

a^2의 양의 제곱근
$\Rightarrow \sqrt{a^2} = a$

$a \longrightarrow 2a \times b \longleftarrow b$

b^2의 양의 제곱근
$\Rightarrow \sqrt{b^2} = b$

두 제곱근의 곱의 2배

가운데 $2ab$가 양수+면 $(a+b)^2$, 음수−면 $(a-b)^2$으로 인수분해됩니다.

몇 가지의 예제를 가지고 완전제곱식을 만들어 보겠습니다.

예제 i) $x^2+\ 4xy\ +4y^2$

$$
\begin{array}{ccc}
x & \diagdown & +2y & \longrightarrow & +2xy \\
x & \diagup & +2y & \longrightarrow & +2xy \\
& & & & \overline{+4xy}
\end{array}
$$

$\therefore\ x^2+4xy+4y^2=(x+2y)^2$

예제 ii) $x^2-\ 4xy\ +4y^2$

$$
\begin{array}{ccc}
x & \diagdown & -2y & \longrightarrow & -2xy \\
x & \diagup & -2y & \longrightarrow & -2xy \\
& & & & \overline{-4xy}
\end{array}
$$

$\therefore\ x^2-4xy+4y^2=(x-2y)^2$

예제 iii) $9x^2+\ 6xy\ +y^2$

$$
\begin{array}{ccc}
3x & \diagdown & +y & \longrightarrow & +3xy \\
3x & \diagup & +y & \longrightarrow & +3xy \\
& & & & \overline{+6xy}
\end{array}
$$

$$\therefore 9x^2 + 6xy + y^2 = (3x+y)^2$$

예제 iv) $9x^2 - 12xy + 4y^2$

$$
\begin{array}{ccc}
3x & -2y & \longrightarrow \quad -6xy \\
3x & -2y & \longrightarrow \quad -6xy \\
& & \overline{-12xy}
\end{array}
$$

$$\therefore 9x^2 - 12xy + 4y^2 = (3x-2y)^2$$

무리식도 같은 방법으로 인수분해할 수 있습니다.

예제 v) $\sqrt{x^2 + 4x + 4} = \sqrt{(x+2)^2}$

$$= |x+2|$$

$$\therefore \sqrt{x^2 + 4x + 4} = |x+2|$$

예제 vi) $\sqrt{4x^2 - 12x + 9} = \sqrt{(2x-3)^2}$

$$= |2x-3|$$

$$\therefore \sqrt{4x^2 - 12x + 9} = |2x-3|$$

이제 6교시 처음에 제시한 문제를 풀어 보겠습니다.

수윤이가 미인형 얼굴을 갖기 위해서는 $\dfrac{y}{x} = \dfrac{x+y}{y}$ $x < y$ 공식이 성립되어야 합니다. 수윤이 얼굴의 가로의 길이가 12cm 이므로 주어진 식에 대입하면, 아래와 같습니다.

$$\frac{y}{12} = \frac{12+y}{y}$$

← 양변에 $12y$를 곱해 줌

$$y^2 = 12(12+y)$$

← 전개

$$y^2 = 144 + 12y$$

← 우변의 $12y$를 좌변으로 이항

$$y^2 - 12y = 144$$

← 양변에 36을 더해 줌

$$y^2 - 12y + 36 = 144 + 36$$

$$(y-6)^2 = 180$$

$$y - 6 = \pm\sqrt{180}$$

$$y = 6 + 6\sqrt{5} \quad y > 0$$

$$y \fallingdotseq 6 + 6 \times 2.24 \quad \sqrt{5} = 2.24$$

$$y \fallingdotseq 19.44$$

이차다항식이 완전제곱식이 되기 위한 조건

① 맨 앞의 이차항과 맨 뒤에 있는 상수항은 제곱인 항이어야 합니다. 이차항의 계수가 제곱수가 아닌 경우에도 공통인수로 묶어 낸 다음 제곱수가 되면 완전제곱식을 만들 수 있습니다.

② 맨 앞의 이차항과 맨 뒤에 있는 상수항은 항상 양수+ 이어야 합니다.

③ 가운데 일차항은 양수+ 또는 음수– 입니다. 앞의 그림 도식 참조

④ 가운데 일차항의 절댓값은 이차항과 상수항의 제곱근을 곱한 값의 2배가 되어야 합니다.

⑤ 맨 앞의 이차항의 계수가 1인 경우 상수항은 일차항의 계수의 $\frac{1}{2}$값을 제곱한 값과 항상 같습니다.

이차항 계수가 1인 다항식이 완전제곱식으로 인수분해되려면 이차식
의 상수항은 일차항 계수의 $\frac{1}{2}$값을 제곱한 값과 같아야 합니다.

$$x^2 + ax + \square = (x + \triangle)^2$$

$$\left(a \times \frac{1}{2}\right)^2$$
$$\parallel$$
$$\left(\frac{1}{2}a\right)^2 \qquad \frac{1}{2}a$$

7 교시

기타
인수분해의 유형

7교시 학습 목표

합과 차의 곱을 이용하여 인수분해할 수 있습니다.

미리 알면 좋아요

합과 차를 이용하여 인수분해할 수 있는 다항식의 조건

• 두 개의 제곱인 항이 차로 이루어져야 합니다.

• 일차항이 없고, 이차항과 상수항으로만 이루어져야 합니다.

7교시

문제

① 고고학자인 혁수는 안데스 산맥에 위치한 잉카 제국의 요새도시 마추픽추를 답사하던 중 어느 동굴을 탐험하러 들어갔습니다. 그런데 그만 미로 같은 동굴에 갇혀 버렸습니다. 동굴에는 나가는 문이 50개가 있었는데 그중에 하나만 살아 돌아갈 수 있는 문이고 나머지 문은 통과하는 즉시 죽게 되는 죽음의 문이었습니다. 그 동굴에는 살아 돌아갈 수 있는 문을 찾는 방법이 아래와 같이 벽에 새겨져 있습니다.

혁수는 몇 번째 문으로 나와야 살 수 있을지 알아보시오.

1	$1 \times 2 - 2 \times 1 = 0$
2	$2 \times 3 - 2 \times 2 = 2$
3	$3 \times 4 - 2 \times 3 = 6$
⋮	⋮
생의 문	240
⋮	⋮

합과 차의 곱을 이용한 인수분해

우리는 이미 3교시에서 곱셈공식을 통하여 아래와 같은 다항식의 전개 방법을 배웠습니다.

$$(a+b)(a-b)=aa-ab+ba-bb=a^2-b^2$$

이제 역으로 a^2-b^2을 인수분해하여 봅시다.

먼저 4교시에 배운 완전제곱식을 이용한 인수분해 방법을 응용하여 편의를 위해 이차항과 상수항 사이에 0을 넣고 인수분해합니다.

$$a^2+\ 0\ -b^2$$

$$
\begin{array}{ll}
(a \qquad +b) \longrightarrow \quad +ab & \quad a^2-b^2 \\
(a \qquad -b) \longrightarrow \quad -ab & \quad =(a+b)(a-b)
\end{array}
$$

$a \times a = a^2 \quad (+b) \times (-b) = -b^2 \quad 0$

이차다항식의 합과 차의 곱을 이용한 인수분해가 가능한 다항식의 조건은 아래와 같습니다.

① 제곱인 두 개의 항이 차로 이루어져야 합니다.

② 이차항의 계수가 제곱수가 아닌 경우에도 공통인수로 묶어 낸 다음 제곱수가 되면 합과 차를 이용한 인수분해를 할 수 있습니다.

③ 가운데에 일차항이 있으면 안 됩니다.

예제를 통해 합과 차의 곱을 이용하여 인수분해해 봅시다.

예제 i) $x^2 \quad - \quad 4y^2$

$$x \quad\diagdown\quad +2y \longrightarrow +2xy$$
$$x \quad\diagup\quad -2y \longrightarrow \underline{-2xy}$$
$$0$$

$$\therefore x^2 - 4y^2 = (x+2y)(x-2y)$$

예제 ii) $9x^2 \quad - \quad 4y^2$

$$3x \quad\diagdown\quad +2y \longrightarrow +6xy$$
$$3x \quad\diagup\quad -2y \longrightarrow \underline{-6xy}$$
$$0$$

$$\therefore 9x^2 - 4y^2 = (3x+2y)(3x-2y)$$

예제 iii) $2x^2 \quad - \quad 8$

$$= 2(x^2 - 4)$$

$$x \quad\diagdown\quad +2 \longrightarrow +2x$$
$$x \quad\diagup\quad -2 \longrightarrow \underline{-2x}$$
$$0$$

$$\therefore 2x^2 - 8 = 2(x^2 - 4) = 2(x+2)(x-2)$$

예제 iv) $\dfrac{1}{4}x^2 \quad - \quad \dfrac{1}{9}y^2$

$$\frac{1}{2}x \qquad +\frac{1}{3}y \longrightarrow +\frac{1}{6}xy$$
$$\frac{1}{2}x \qquad -\frac{1}{3}y \longrightarrow \underline{-\frac{1}{6}xy}$$
$$0$$

$$\therefore \frac{1}{4}x^2-\frac{1}{9}y^2=\left(\frac{1}{2}x+\frac{1}{3}y\right)\left(\frac{1}{2}x-\frac{1}{3}y\right)$$

이차항의 계수 또는 상수항이 제곱수가 아닌 다항식

앞에서 이차항과 상수항이 제곱수인 이차다항식을 인수분해하는 방법으로 완전제곱식을 이용한 인수분해와 합과 차의 곱을 이용한 인수분해를 알아보았습니다. 이제 이차항의 계수가 제곱수가 아닌 이차다항식이나 상수항이 제곱수가 아닌 이차다항식을 인수분해하겠습니다.

우리는 이미 3교시의 곱셈공식을 통하여 아래와 같은 다항식의 전개 방법을 배웠습니다.

- $(x+a)(x+b)=x^2+(a+b)x+ab$
- $(ax+b)(cx+d)=acx^2+(bc+ad)x+bd$

그리고 5교시에서 아래의 인수분해를 알아두면 편리하다고 하였습니다.

$$\cdot x^2+(a+b)x+ab=(x+a)(x+b)$$
$$\cdot acx^2+(bc+ad)x+bd=(ax+b)(cx+d)$$

그럼 이제부터 $x^2+(a+b)x+ab$과 $acx^2+(bc+ad)x +bd$를 인수분해하는 원리에 대하여 알아봅시다.

(1) 다항식 $x^2+(a+b)x+ab$ 꼴의 인수분해

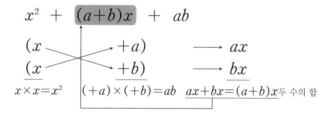

위의 다항식 꼴의 인수분해는 다음과 같은 순서로 합니다.

① 곱이 상수항 ab와 같은 두 인수를 찾습니다.

$\Rightarrow (1, ab), (a, b)$

② ①에서 구한 인수 중 합이 x의 계수 $a+b$와 같은 두 인수를 찾습니다. $1+ab, a+b \Rightarrow a+b$

③ ②의 조건에 맞는 두 인수와 x^2의 두 인수 x와 x의 합을 괄호로 묶어 두 다항식의 곱으로 나타냅니다.

$$\Rightarrow (x+a)(x+b)$$

④ 다항식을 인수분해로 나타냅니다.

$$\Rightarrow x^2+(a+b)x+ab=(x+a)(x+b)$$

(2) 다항식 $acx^2+(bc+ad)x+bd$ 꼴의 인수분해

$acx^2+(bc+ad)x+bd$ 꼴의 인수분해도 앞의 다항식 $x^2+(a+b)x+ab$의 꼴과 같은 방법으로 인수분해하면 됩니다. 다른 점이 있다면 이차항의 계수가 1이 아닌 상수라는 것입니다.

$acx^2 + (bc+ad)x + bd$

$(ax \qquad +b) \longrightarrow bcx$

$(cx \qquad +d) \longrightarrow adx$

$ax \times cx = acx^2 \quad (+b) \times (+d) = bd \quad bcx + adx = (bc+ad)x$ 두 수의 합

위의 다항식 꼴의 인수분해는 다음과 같은 순서로 합니다.

① 곱이 이차항 acx^2의 계수 ac와 같은 인수를 찾습니다.

$(1, ac), (a, c)$

② 곱이 상수항 bd와 같은 두 인수를 찾습니다.

$(1, bd), (b, d)$

③ ①, ②에서 구한 인수 중 대각선 방향으로 곱하여 더한

값이 x의 계수 $(bc+ad)$와 같은 두 인수를 찾습니다.

$(ab+cd), (bc+ad)$ ➡ $(bc+ad)$

④ ③의 조건에 맞는 가로줄의 두 인수끼리의 합을 괄호로

묶어 두 다항식의 곱으로 나타냅니다.

➡ $(ax+b)(cx+d)$

⑤ 다항식을 인수분해로 나타냅니다.

➡ $acx^2+(bc+ad)x+bd=(ax+b)(cx+d)$

몇 가지의 예제를 인수분해해 봅시다.

예제 i) $x^2 + 3x - 4$

$$
\begin{array}{ll}
(x \quad\quad +4) \longrightarrow & +4x \\
(x \quad\quad -1) \longrightarrow & \underline{\quad - x} \\
& +3x
\end{array}
$$

$\therefore x^2+3x-4=(x+4)(x-1)$

예제 ii) $3x^2 - 7xy - 6y^2$

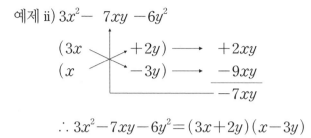

$$\therefore 3x^2 - 7xy - 6y^2 = (3x+2y)(x-3y)$$

이제 처음에 제시한 문제를 풀어 보겠습니다.

이 문제는 규칙에 맞는 식을 세운 후 인수분해를 이용하면 쉽게 나옵니다. 벽에 새겨진 표를 보면 $x \times (x+1) - 2 \times x$와 같은 규칙이 있습니다. 따라서 $x \times (x+1) - 2 \times x$의 값이 240이 되는 문이 생生의 문門입니다.

이 규칙을 풀면 아래와 같습니다.

$$x \times (x+1) - 2 \times x = 240$$

$$x^2 + x - 2x = 240$$

$$x^2 - x - 240 = 0$$

$$
\begin{array}{ll}
(x \qquad +15) \longrightarrow & +15x \\
(x \qquad -16) \longrightarrow & \underline{-16x} \\
& -\quad x
\end{array}
$$

$$(x+15)(x-16)=0$$

$$\therefore x=-15 \text{ 또는 } x=16$$

문은 자연수입니다. -15는 자연수가 아니므로 x는 16이 되겠군요. 혁수는 16번째 문으로 나가면 무사히 돌아갈 수 있습니다.

꼭 알아둡시다

1. 합과 차를 이용한 인수분해

$$(a+b)(a-b)=a^2-b^2$$

$a^2+\ 0\ -b^2$

$(a \quad +b) \longrightarrow +ab$

$(a \quad -b) \longrightarrow -ab$

$a \times a = a^2 \quad (+b) \times (-b) = -b^2 \quad 0$

a^2-b^2

$=(a+b)(a-b)$

2. 이차항의 계수 또는 상수항이 제곱수가 아닌 다항식

(1) 다항식 $x^2+(a+b)x+ab$ 꼴의 인수분해

$x^2\ +\ (a+b)x\ +\ ab$

$(x \quad +a) \longrightarrow ax$

$(x \quad +b) \longrightarrow bx$

$x \times x = x^2 \quad (+a) \times (+b) = ab \quad ax+bx=(a+b)x$ 두 수의 합

(2) 다항식 $acx^2+(bc+ad)x+bd$ 꼴의 인수분해

$acx^2\ +\ (bc+ad)x\ +\ bd$

$(ax \quad +b) \longrightarrow bcx$

$(cx \quad +d) \longrightarrow adx$

$ax \times cx = acx^2 \quad (+b) \times (+d) = bd \quad bcx+adx=(bc+ad)x$ 두 수의 합

여러 문자가 포함된 다항식에서

인수분해의 기본 공식으로 인수분해가 되지 않는다면,

한 문자의 내림차순으로 정리하여 인수분해를 합니다.

복잡한 다항식의 인수분해

8 교시

8교시 학습 목표

1. 복이차식을 인수분해할 수 있습니다.
2. 치환에 대해 알고, 치환을 이용하여 다항식을 풀 수 있습니다.
3. 복잡한 다항식의 인수분해를 할 수 있습니다.

미리 알면 좋아요

복이차식 적당한 치환을 통하여 사차식을 이차식으로 변형할 수 있는 식을 복이차식이라고 합니다.

문제

1. 다음 식을 두 가지 방법으로 인수분해하시오.

$$a^4 - 5a^2 + 4$$

복이차식의 인수분해

　복이차식이란 적당한 치환에 의하여 이차방정식으로 변형할 수 있는 사차식을 말합니다. 복이차식을 인수분해할 때 x^2을 다른 문자로 치환한 후 인수분해하는 방법이 있습니다.

그리고 치환된 문자로 인수분해된 항을 x^2으로 환원해 줍니다. x^2을 다른 문자로 치환해도 바로 인수분해가 되지 않는 경우에는 A^2-B^2 꼴로 변형을 하고 나서 인수분해를 합니다. 그런 다음 치환된 문자로 인수분해된 항을 x^2으로 환원합니다.

::: 복이차식의 인수분해 ➡ $x^2=A$로 치환

① 인수분해 가능 ➡ A^2+aA+b 꼴로 변형 ➡ 인수분해 ➡ 환원 ➡ 환원된 항이 인수분해되는 경우에는 다시 한 번 인수분해

② 인수분해 불가능 ➡ A^2-B^2 꼴로 변형 ➡ 인수분해 ➡ 인수분해된 항이 다시 인수분해되는 경우에는 다시 한 번 인수분해

치환으로 인수분해가 가능한 복이차식은 $x^2=A$로 치환하여 풀면 쉽게 인수분해됩니다.

$$x^4+3x^2+2=A^2+3A+2 \quad \text{➡} \ x^2=A\text{로 치환}$$

$$=(A+1)(A+2) \quad \text{➡ 인수분해}$$

$$=(x^2+1)(x^2+2) \quad \text{➡ 환원}$$

치환해도 인수분해가 안 되는 복이차식은 A^2-B^2 꼴로 변형을 해서 인수분해를 합니다.

$$x^4+x^2y^2+y^4=x^4+2x^2y^2-x^2y^2+y^4 \quad\Rightarrow\text{식의 변형}$$
$$=x^4+2x^2y^2+y^4-x^2y^2 \quad\Rightarrow A^2-B^2\text{ 꼴로 변형}$$
$$=(x^2+y^2)^2-(xy)^2 \quad\Rightarrow A^2-B^2\text{ 꼴로 변형}$$
$$=(x^2+y^2+xy)(x^2+y^2-xy) \quad\Rightarrow\text{인수분해}$$
$$=(x^2+xy+y^2)(x^2-xy+y^2) \quad\Rightarrow\text{정리}$$

이와 같은 방법으로 문제를 인수분해를 합니다.

$$a^4-5a^2+4=a^4-4a^2+4-a^2 \quad\Rightarrow\text{식의 변형}$$
$$=(a^2-2)^2-a^2 \quad\Rightarrow A^2-B^2\text{ 꼴로 변형}$$
$$=(a^2-2+a)(a^2-2-a) \quad\Rightarrow\text{인수분해}$$
$$=(a^2+a-2)(a^2-a-2) \quad\Rightarrow\text{정리}$$
$$=(a-1)(a+2)(a-2)(a+1) \quad\Rightarrow\text{인수분해}$$
$$=(a-1)(a+1)(a-2)(a+2) \quad\Rightarrow\text{정리}$$

여러 문자가 포함된 다항식의 인수분해

여러 문자가 포함된 다항식은 쉽게 인수분해가 되지 않아 당황하는 경우가 생깁니다. 이런 다항식은 대개 항이 4개 또는 5개 이상인 다항식입니다. 여러 문자가 포함된 다항식에서 인수분해의 기본 공식으로 인수분해가 되지 않는 경우에는 한 문자의 내림차순으로 정리하여 인수분해를 합니다.

한 문자의 내림차순으로 정리할 때는 차수가 낮은 문자의 내림차순으로 정리하면 쉽습니다. 여러 문자의 차수가 모두 같을 때에는 어느 한 문자를 정하여 그 문자의 내림차순으로 정리하여 인수분해를 하면 됩니다.

> **여러 문자가 포함된 다항식의 인수분해**
> ① 차수가 낮은 문자에 대한 내림차순으로 정리
> ➡ 상수항을 인수분해 ➡ 전체를 인수분해
> ② 차수가 같을 경우, 한 문자에 대한 내림차순으로 정리
> ➡ 인수분해가 되는 항을 인수분해 ➡ 전체를 인수분해

여러 문자가 포함된 다항식을 차수가 가장 낮은 문자에 대

한 내림차순으로 정리하여 인수분해를 해 봅시다.

$$x^3 - x^2y + xy^2 + xz^2 - y^3 - yz^2$$

$$= (x-y)z^2 + x^3 - x^2y + xy^2 - y^3$$

➡ 차수가 낮은 z에 대한 내림차순으로 정리

$$= (x-y)z^2 + x^2(x-y) + y^2(x-y)$$ ➡ 상수항을 인수분해

$$= (x-y)(z^2 + x^2 + y^2)$$ ➡ 전체를 인수분해

인수정리를 이용한 인수분해

인수분해에는 인수정리를 이용한 방법도 있습니다. 삼차 이상의 다항식에서 공통인수로 묶어 인수분해를 하려고 해도 잘 풀리지 않거나 치환을 해도 인수분해가 잘 안될 경우가 있습니다. 이때 인수정리와 조립제법을 사용하여 인수분해를 하면 쉽게 풀 수 있습니다.

다항식 $f(x)$에 대하여 $f(\alpha) = 0$이 되는 $x - \alpha$를 $f(x)$의 인수라고 합니다.
$f(x)$를 $x - \alpha$로 나눈 몫을 $Q(x)$라 하면 $f(x)$는 다음과 같이

인수분해가 됩니다.

$$f(x) = (x - \alpha)Q(x)$$

따라서 어떤 다항식이 일차식의 인수를 가질 때, 인수를 찾아 조립제법으로 몫을 구하고 그 몫이 이차식 이상이면 다시 인수분해가 되는지 확인합니다. 만약 인수분해가 된다면 몫도 인수분해를 해 줍니다. 이런 방식으로 그 다항식은 쉽게 인수분해됩니다.

실제로 다항식 $x^3 + 4x^2 + x - 6$을 인수정리를 이용하여 인수분해를 해 보겠습니다.

먼저 $f(x) = x^3 + 4x^2 + x - 6$으로 놓고, $f(\alpha) = 0$이 되는 α의 값을 찾습니다. 인수 α값은 다항식 $f(x)$의 상수항의 약수를 $f(x)$의 최고차항의 계수의 약수로 나눈 값의 약수들 중에서 쉽게 찾을 수 있습니다.

$$\alpha = \pm \frac{f(x) \text{의 상수항의 약수}}{f(x) \text{의 최고차항의 계수의 약수}}$$

즉, x^3+4x^2+x-6의 인수는 $\pm\dfrac{(6의\ 약수)}{1}$ 이므로 ±6의 약수인 ±1, ±2, ±3, ±6에서 인수를 찾으면 1과 -2와 -3이 위 다항식의 인수임을 알 수 있습니다.

$a=1$, 즉 $x=1$일 때, 다항식 $f(x)$는 아래와 같이 0이 됩니다.

$$f(x)=x^3+4x^2+x-6 \ \Rightarrow \ f(1)=1^3+4\times1^2+1-6$$
$$=1+4+1-6$$
$$=0$$

따라서 $f(x)=x^3+4x^2+x-6$은 x 대신에 1을 대입하면 0이 되므로 $x-1$을 인수로 가진 다항식임을 알 수 있습니다.

다항식 x^3+4x^2+x-6이 $x-1$을 인수로 가지므로 x^3+4x^2+x-6은 $x-1$로 나누어떨어집니다. 이때 $f(x)$의 몫을 구하기 위해서 조립제법 또는 직접 나누는 방법을 사용할 수 있습니다.

먼저 다항식 x^3+4x^2+x-6을 조립제법을 이용하여 인수분해를 해 봅시다.

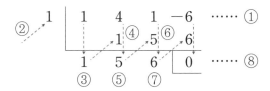

- x^3+4x^2+x-6의 계수 1, 4, 1, -6을 가로로 씁니다. ...... ①

- $x-1=0$이 되는 x값 1로 나눕니다. ...... ②

- 차수가 가장 큰 처음 계수를 아래로 내립니다. ...... ③

- ②×③을 한 값 $1\times1=1$을 다음 차수의 계수 밑에 써 줍니다. ...... ④

- 두 수를 더합니다. $4+1=5$ ...... ⑤

- 같은 방법으로 ②×⑤를 한 값 $1\times5=5$을 다음 차수의 계수 밑에 써 줍니다. ...... ⑥

- 두 수를 더합니다. $1+5=6$ ...... ⑦

- 같은 방법을 반복한 뒤 맨 마지막 값 $-6+6=0$이 나머지입니다. ...... ⑧

- 앞의 수 1, 5, 6은 내림차순의 몫이 됩니다.…… ③, ⑤, ⑦
- 따라서 조립제법을 통해 x^3+4x^2+x-6을 $x-1$로 나눈 몫이 x^2+5x+6이 됨을 알 수 있습니다.

같은 문제를 직접 나누는 방법으로도 해결해 봅시다.

$$
\require{enclose}
\begin{array}{r}
x^2+5x +6 \cdots\cdots \text{몫}\\
x-1 \enclose{longdiv}{x^3+4x^2+x-6} \\
\underline{x^3-x^2} \\
5x^2+x \\
\underline{5x^2-5x} \\
6x-6 \\
\underline{6x-6} \\
0 \cdots\cdots \text{나머지}
\end{array}
$$

x^3+4x^2+x-6을 조립제법을 이용했을 때와 직접 나누었을 때 나온 몫이 x^2+5x+6으로 같습니다. 하지만 조립제법은 일차식으로 나눌 때만 사용하고, 이차 이상의 다항식으로 나눌 때는 조립제법을 사용할 수 없습니다.

x^3+4x^2+x-6 나눗셈에서 몫인 x^2+5x+6은 다시 $(x+2)(x+3)$으로 인수분해됩니다. 따라서 다항식 x^3+4x^2+x-6을 인수분해하면 아래와 같이 정리할 수 있습니다.

$$x^3+4x^2+x-6=(x-1)(x^2+5x+6)$$

➡ 인수 : $x-1$, 몫 : (x^2+5x+6)

$$=(x-1)(x+2)(x+3)$$

➡ 몫의 인수분해 : $(x+2)(x+3)$

꼭 알아둡시다

1. 다항식의 나눗셈 직접 나누는 방법

다항식의 나눗셈은 각 다항식을 내림차순으로 정리한 후 자연수의 나
눗셈과 같은 방법으로 합니다.

예 $(2x^3+3x+4) \div (x-2)$

$$
\begin{array}{r}
2x^2+4x+11 \quad \cdots\cdots 몫 \\
x-2 \overline{\smash{)}\ 2x^3+0\ +3x+\ 4} \\
\underline{2x^3-4x^2} \\
4x^2+\ 3x \\
\underline{4x^2-\ 8x} \\
11x+\ 4 \\
\underline{11x-22} \\
26 \quad \cdots\cdots 나머지
\end{array}
$$

2. 조립제법을 이용한 다항식의 나눗셈

조립제법이란 x에 대한 다항식 $f(x)$를 x에 대한 일차식으로 나눌
때, 계수와 상수만을 이용하여 몫과 나머지를 구하는 방법입니다. 조
립제법은 일차식으로 나눌 때만 사용하고, 이차 이상의 다항식으로 나
눌 때는 조립제법을 사용할 수 없습니다.

例 $(2x^3+3x+4) \div (x-2)$

$$
\begin{array}{r|rrrr}
2 & 2 & 0 & 3 & 4 \\
 & & 4 & 8 & 22 \\
\hline
 & 2 & 4 & 11 & 26 \\
\end{array}
$$

$\therefore (2x^3+3x+4) \div (x-2) = (x-2)(2x^2+4x+11)+26$

인수분해를
이용한 수의 계산

9교시 학습 목표

인수분해를 이용하여 수의 계산을 쉽게 할 수 있습니다.

미리 알면 좋아요

복잡한 수를 계산할 때 인수분해의 기본 공식을 이용하면 쉽게 구할 수
있습니다.

예) $97^2 + 2 \times 97 \times 3 + 3^2$

$= (97+3)^2$ $a^2 + 2ab + b^2 = (a+b)^2$

$= 100^2$

$= 10000$

문제

① 다음 식을 인수분해의 기본 공식을 이용하여 계산해 보

시오.

$$9 \times 11 \times 101 \times 10001$$

복잡한 수를 계산할 때 아래의 인수분해의 기본 공식을 이용하면 쉽게 구할 수 있는 경우가 있습니다.

$\cdot a^2 + 2ab + b^2 = (a+b)^2$

➡ $97^2 + 2 \times 97 \times 3 + 3^2 = (97+3)^2 = 100^2 = 10000$

$\cdot a^2 - 2ab + b^2 = (a-b)^2$

➡ $103^2 - 2 \times 103 \times 3 + 3^2 = (103-3)^2 = 100^2 = 10000$

$\cdot a^2 - b^2 = (a+b)(a-b)$

➡ $35^2 - 25^2 = (35+25)(35-25) = 60 \times 10 = 600$

$\cdot a^3 + 3a^2b + 3ab^2 + b^3 = (a+b)^3$

➡ $75^3 + 3 \times 75^2 \times 25 + 3 \times 75 \times 25^2 + 25^3$
$= (75+25)^3 = 100^3 = 1000000$

$\cdot a^3 - 3a^2b + 3ab^2 - b^3 = (a-b)^3$

➡ $65^3 - 3 \times 65^2 \times 45 + 3 \times 65 \times 45^2 - 45^3$
$= (65-45)^3 = 20^3 = 8000$

수로 이루어진 분수식도 인수분해 공식을 이용하면 복잡한 식을 쉽게 계산할 수 있습니다.

$$\frac{3 \times 14^2 + 17 \times 14 + 10}{14^2 + 2 \times 14 - 15}$$

$$= \frac{3x^2 + 17x + 10}{x^2 + 2x - 15} \quad \blacktriangleright 14 = x로\ 치환$$

$$= \frac{(3x+2)(x+5)}{(x-3)(x+5)} \quad \blacktriangleright 인수분해$$

$$= \frac{3x+2}{x-3} \quad \blacktriangleright 약분$$

$$= \frac{3 \times 14 + 2}{14 - 3} \quad \blacktriangleright 환원$$

$$= \frac{44}{11} = 4 \quad \blacktriangleright 정리$$

인수분해의 기본 공식을 알아보았으니 이제 제시된 문제를 인수분해 공식을 이용하여 풀어 봅시다. $9 \times 11 \times 101 \times 10001$은 곱셈공식 중에서 $(a+b)(a-b) = a^2 - b^2$을 이용하면 쉽게 풀 수 있습니다. 먼저 9는 $10-1$로 11은 $10+1$로 101은 $100+1$로 10001은 $10000+1$로 변형하면 아래와 같습니다.

$$9 \times 11 \times 101 \times 10001$$

$$= (10-1)(10+1)(100+1)(10000+1)$$

$$= (10-1)(10+1)(10^2+1)(10^4+1)$$

$$= (10^2-1)(10^2+1)(10^4+1)$$

$$= (10^4-1)(10^4+1)$$

$$= (10^8-1) = 99999999$$

따라서 $9 \times 11 \times 101 \times 10001$의 값은 99999999입니다.

다른 문제를 통해 인수분해 공식을 이용하여 복잡한 수의 계산을 하는 연습을 해 봅시다.

$2008^3 - 3 \times 2008^2 \times 2006 + 3 \times 2008 \times 2006^2 - 2006^3$을 $2008 = x$, $2006 = y$로 치환하여 정리하면 아래와 같습니다.

$$2008^3 - 3 \times 2008^2 \times 2006 + 3 \times 2008 \times 2006^2 - 2006^3$$

$$= x^3 - 3x^2y + 3xy^2 - y^3$$

$x^3 - 3x^2y + 3xy^2 - y^3$은 이미 배운 인수분해 공식을 이용하면 $(x-y)^3$임을 알 수 있습니다.

이제 $2008^3 - 3 \times 2008^2 \times 2006 + 3 \times 2008 \times 2006^2 - 2006^3$을 인수분해 공식을 이용하여 계산해 보겠습니다.

$$2008^3 - 3 \times 2008^2 \times 2006 + 3 \times 2008 \times 2006^2 - 2006^3$$

$= x^3 - 3x^2y + 3xy^2 - y^3$　➡ $2008 = x,\, 2006 = y$로 치환

$= (x-y)^3$　　　　➡ 인수분해

$= (2008 - 2006)^3$　➡ 환원

$= 2^3 = 8$

인수분해 공식을 이용하면 $\dfrac{2008^3 + 1}{2007 \times 2008 + 1}$과 같은 분수식도 쉽게 계산할 수 있습니다.

먼저, 식의 2008은 x로, 2007은 $x-1$로 치환하여 계산합니다.

$$\dfrac{2008^3 + 1}{2007 \times 2008 + 1} = \dfrac{x^3 + 1}{(x-1)x + 1}$$　➡ 치환

$$= \dfrac{x^3 + 1}{x^2 - x + 1}$$　➡ 전개

$$= \frac{(x+1)(x^2-x+1)}{x^2-x+1}$$ ➡ 인수분해

$$= x+1$$ ➡ 약분

$$= 2008+1$$ ➡ 환원

$$= 2009$$

지금까지 다항식을 인수분해하는 방법을 설명하였는데 위의 내용을 하나의 도표로 나타내어 정리하면 다음과 같습니다.

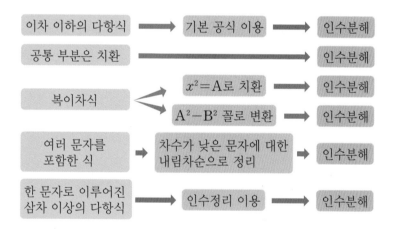

복잡한 수를 계산할 때 문자로 치환한 후 인수분해의 기본 공식을 이

용하면 쉽게 구할 수 있습니다.

(예) $\dfrac{100^2-1}{99}$

$$\dfrac{100^2-1}{99}=\dfrac{x^2-1}{x-1} \qquad \Leftarrow\ 100을\ x로\ 치환$$

$$=\dfrac{(x+1)(x-1)}{(x-1)} \qquad \Leftarrow\ 인수분해$$

$$=x+1 \qquad \Leftarrow\ 약분$$

$$=100+1 \qquad \Leftarrow\ 환원$$

$$=101$$

10 교시

인수분해의
활용

10교시 학습 목표

1. 이차방정식의 해는 인수분해를 이용하여 쉽게 구할 수 있습니다.
2. 완전제곱식을 이용한 인수분해를 활용하여 이차방정식의 최대, 최소를 구할 수 있습니다.

미리 알면 좋아요

디오판토스 Diophantos, 246~330

고대 그리스 알렉산드리아의 수학자인 디오판토스는 대수학의 시조이며, 근대 정수론의 아버지로 불리고 있습니다. 그는 대수에서 최초로 기호와 미지수를 문자로 쓰기 시작한 수학자입니다. 그의 유명한 저서로는 최고 _{最古} 대수학서인 《산수론_{算數論}》이 있습니다.

문제

① 선화가 오늘 핸드폰으로 아영이에게 문자를 보낸 횟수는 아영이로부터 받은 횟수의 두 배보다 3건이 더 많았습니다. 그리고 선화와 아영이가 핸드폰으로 주고받은 문자의 횟수의 곱이 44입니다.

오늘 선화는 아영이로부터 몇 건의 문자를 받았는지 알아보시오.

인수분해를 이용한 이차방정식의 활용

문자를 방정식에 도입한 사람은 알렉산드리아에 살았던 그리스 사람 디오판토스Diophantos: 246~330입니다. 그는 방정식을 단순화시킴으로써 수학 발전의 징검다리 역할을 했습니다.

문자를 이용한 식 중에서 가장 많이 활용하고 있는 식이 방정식과 함수식입니다. 두 수 또는 두 식 사이에 등호=를 사용하여 두 식이 서로 같음을 나타내는 식을 등식이라고 합니다.

$$13+20=35 \quad \Longleftarrow 등식 (거짓인 등식) \cdots\cdots ㉮$$
$$13+20=33 \quad \Longleftarrow 등식 (참인 등식) \cdots\cdots ㉯$$

㉮와 ㉯는 등호=를 사용한 식이므로 모두 등식입니다. 등식 중에서 ㉮와 같은 등식을 거짓인 등식이라고 부르고 ㉯와 같은 등식을 참인 등식이라고 합니다.

문자를 사용한 등식에서 문자를 미지수라고 부르는데 이 미지수의 값에 따라 참이 되기도 하고 거짓이 되기도 하는 등식을 방정식이라고 합니다. 방정식에서 최고차항의 차수가 1차이면 일차방정식, 최고차항의 차수가 2차이면 이차방정식이라고 합니다.

$x+3=5$ ⬅ $x=2$일 때만 참인 일차방정식

x^2-5x+6 ⬅ 다항식

$(x-2)(x-3)$ ⬅ 다항식의 인수분해

$x^2-5x+6=0$ ⬅ 방정식

$(x-2)(x-3)=0$ ⬅ $x=2$ 또는 $x=3$일 때만 참인 이차방정식

방정식 $(x-2)(x-3)=0$에서 $x=2$ 또는 $x=3$일 때만 참이 되고 x가 그 이외의 값을 가지면 거짓이 됩니다. 위 식에서처럼 참이 되게 해 주는 미지수 값 x을 찾는 것을 방정식을 푼다고 합니다. 그리고 방정식을 참이 되게 하는 미지수의 값을 해 또는 근이라고 합니다.

방정식을 풀려면 인수분해를 잘해야 합니다.

그럼 문제 **1**을 인수분해를 이용하여 풀어 보겠습니다.

선화가 받은 문자의 횟수를 x번이라고 하면, 보낸 횟수는 $2x+3$입니다. 선화와 아영이가 핸드폰으로 주고받은 문자의 횟수의 곱이 44이므로 다음과 같은 식이 성립됩니다.

$$x(2x+3)=44$$

$$2x^2+3x-44=0$$

$$
\begin{array}{ccc}
2x & \searrow \quad +11 & \longrightarrow \quad +11x \\
x & \nearrow \quad -\ 4 & \longrightarrow \quad -\ 8x \\
& & \overline{\quad +\ 3x}
\end{array}
$$

$$(2x+11)(x-4)=0$$

$$x=-\frac{11}{2} \ \text{또는} \ x=4$$

선화가 받은 문자의 횟수는 자연수이므로 $x=4$가 됩니다. 따라서 오늘 아영이로부터 4건의 문자를 받았습니다.

② 천재 소방서의 소방대원들은 마포구에 있는 안타까워 빌딩에서 화재가 났다는 신고를 받고 긴급 출동을 하였습니다. 화재 현장에 도착한 소방차는 위험을 피하기 위해 되도록 건물에서 멀리 떨어진 곳에서 불이 난 빌딩을 향해 물을 뿜어대기 시작했습니다.

소방차 중에서 '날쌘돌이호'는 건물 10m 앞에서 10층을 향해 물을 뿜어대고 있었고 '빨리꺼호'는 건물 8m 앞에서 16층을 향해 물을 뿌렸고 '센파워호' 소방차는 18층을 향해 물을 뿌렸습니다.

이 세 소방차가 같은 각도와 같은 세기로 물을 뿌렸다면 '센파워호' 소방차는 건물 몇 m앞에서 물을 뿌렸는지 구하시오. 단, 세 소방차는 모두 $y=ax^2+bx$라는 식이 성립하며, y는 물의 높이, x는 소방차와 건물과의 거리, 건물 한 층의 높이는 2m로 계산합니다.

완전제곱식을 이용한 이차함수의 최댓값, 최솟값 구하기

문자를 이용한 식에서는 문자를 여러 가지 이름으로 부릅니다. 문자를 이용한 식이나 다항식에서는 문자 a나 x를 그대로 문자 a, 문자 x라고 부릅니다. 하지만 방정식에서는 문자 a나 x를 미지수 a, 미지수 x라고 부르고 함수에서는 문자를 변수 a, 변수 x라고 부릅니다.

두 변수 x, y에 대하여 x의 값이 하나 정해지고 이에 대응하는 y의 값도 오직 하나만 정해질 때 y를 x의 함수라고 하고 $y=f(x)$라고 나타냅니다.

함수 $y=f(x)$에서 y가 x에 관한 일차식, 즉 $y=ax+b$ $_{a\neq 0,\, a,\, b\text{는 상수}}$로 나타내어질 때, 이 함수를 일차함수라고 합니다. 그리고 함수 $y=f(x)$에서 y가 x에 관한 이차식, 즉 $y=ax^2+bx+c$ $_{a\neq 0,\, a,\, b,\, c\text{는 상수}}$로 나타내어질 때, 이 함수를 이차함수라고 합니다.

문제 ②를 완전제곱식을 이용하여 풀어 보겠습니다.

'날쌘돌이호'는 건물 10m 앞에서 10층을 향해, '빨리꺼호'는 건물 8m 앞에서 16층을 향해, '센파워호'는 18층을 향해 물을 뿌렸습니다. 이 세 소방차의 물을 그래프로 표현해 보겠습니다.

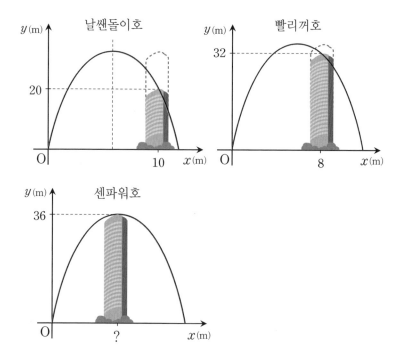

세 소방차는 모두 $y = ax^2 + bx$라는 식이 성립하므로

$y = ax^2 + bx$에서 $x = 10$일 때, $y = 20\text{m}_{10층 \times 2\text{m}}$이고,

$x = 8$일 때, $y = 32\text{m}_{16층 \times 2\text{m}}$이므로 구하는 식은 다음과 같습니다.

$(x, y) = (10, 20)$일 때, $20 = 100a + 10b$

$$10a + b = 2 \qquad \cdots\cdots ①$$

$(x, y) = (8, 32)$일 때, $32 = 64a + 8b$

$$8a + b = 4 \qquad \cdots\cdots ②$$

①$-$②하면 $2a = -2$, $a = -1$ $\qquad \cdots\cdots ③$

$a = -1$를 ②식에 대입하면 $8 \times (-1) + b = 4$, $b = 12$가 됩니다.

$a = -1$, $b = 12$를 주어진 식 $y = ax^2 + bx$에 대입하면,

$y = -x^2 + 12x$

$y = -x^2 + 12x$에 18층 높이인 36m를 대입하면,

$36 = -x^2 + 12x$

$x^2 - 12x + 36 = 0$

$(x - 6)^2 = 0$

$x=6$

따라서 건물과 센파워호의 거리는 6m입니다.

③ △ABC의 세 변의 길이가 a, b, c인 삼각형에서 $b^2+ab-bc-ac=0$이라는 공식이 성립하는 △ABC와 $a^2(b-c)+b^2(c-a)+c^2(a-b)=0$이 성립하는 △ DEF가 어떤 삼각형인지 알아보시오.

삼각형의 종류 알기

문제 ③의 삼각형의 종류를 알아봅시다.

삼각형을 나타내는 다항식은 인수분해를 이용하면 그 삼각형이 어떤 삼각형인지 쉽게 알 수 있습니다. 이 문제의 삼각형이 어떤 삼각형인지 $b^2+ab-bc-ac$를 인수분해해 봅시다.

$$b^2+ab-bc-ac=b(b+a)-c(b+a)$$
$$=(b+a)(b-c)$$

$b^2+ab-bc-ac=0$이므로 인수분해한 $(b+a)(b-c)$ 도 0이 됩니다. $(b+a)(b-c)=0$이므로 $b+a=0$ 또는 $b-c=0$입니다. 삼각형의 모든 변은 0보다 큽니다. 그래서 $b+a=0$이 될 수 없습니다. 따라서 $b-c=0$이 되어야 식을 만족하므로 $\triangle$ABC는 $b=c$인 이등변삼각형입니다.

$a^2(b-c)+b^2(c-a)+c^2(a-b)=0$을 만족하는 식이 어떤 삼각형인지 알아보겠습니다.

위 문제를 풀기 위해서는 한 문자에 대하여 내림차순으로 정리를 해야 합니다. $a^2(b-c)+b^2(c-a)+c^2(a-b)$를 a에 대하여 정리하면 아래와 같습니다.

$$a^2(b-c)+b^2(c-a)+c^2(a-b)$$
$$=(b-c)a^2-(b^2-c^2)a+b^2c-c^2b$$
$$=(b-c)a^2-(b+c)(b-c)a+bc(b-c)$$
$$=(b-c)\{a^2-(b+c)a+bc\}$$
$$=(b-c)(a-b)(a-c)$$

$a^2(b-c)+b^2(c-a)+c^2(a-b)=0$은 $(b-c)(a-b)$ $(a-c)=0$이므로 $b-c=0$ 또는 $a-b=0$ 또는 $a-c=0$이 됩니다.

따라서, $\triangle\mathrm{DEF}$는 $a=b$ 또는 $b=c$ 또는 $c=a$인 이등변삼 각형입니다.

문자로 주어진 삼각형도 인수분해를 이용하면 삼각형의 종류를 알 수 있습니다.

예를 들어, 세 변의 길이가 a, b, c인 삼각형에서 $a^2+b^2+c^2-ab-bc-ca=0$이 성립할 경우 이 삼각형은 다음과 같습니다.

$a^2+b^2+c^2-ab-bc-ca=0$ ◀5교시 삼, 사차다항식의 인수분해 참조

$\frac{1}{2}\{(a-b)^2+(b-c)^2+(c-a)^2\}=0$

$a=b=c$일 때, 준식이 성립하므로 주어진 문제의 삼각형은 $a=b=c$인 정삼각형입니다.